医疗器械检验检测技术与计量检测

邵蕊娜　张　伟　靳振宇　著

辽宁科学技术出版社
·沈阳·

图书在版编目（CIP）数据

医疗器械检验检测技术与计量检测 / 邵蕊娜，张伟，
靳振宇主编 . — 沈阳：辽宁科学技术出版社，2023.12
ISBN 978-7-5591-3406-6

Ⅰ.①医…　Ⅱ.①邵…　②张…　③靳…　Ⅲ.医疗器
械—检测　Ⅳ.①TH77

中国国家版本馆 CIP 数据核字（2024）第 022192 号

出版发行：辽宁科学技术出版社
　　　　　（地址：沈阳市和平区十一纬路 25 号　邮编：110003）
印 刷 者：辽宁鼎籍数码科技有限公司
经 销 者：各地新华书店
幅面尺寸：170mm×240mm
印　　张：5.75
字　　数：110 千字
出版时间：2023 年 12 月第 1 版
印刷时间：2023 年 12 月第 1 次印刷
责任编辑：孙　东　康　倩
责任校对：梁　威　王玉宝

书　　号：ISBN 978-7-5591-3406-6
定　　价：68.00 元

前　言

在现代医疗体系不断发展过程中，保障医疗器械设备的安全性和品质可控性是其中的关键。因此，需要对医疗器械进行严格的检验检测。同时，在当今的医学工程领域，计量任务也尤为关键，我们应利用先进的计量测试技术，对在临床治疗、疾病预防和医学研究等多个领域中使用的医疗器械进行行业校准，确保其性能参数的准确性和统一性。基于此，本书以检验检测工作与医疗器械的基础知识为切入点，分类详述了医疗设备的检验检测技术及其具体流程，随后针对医疗器械的计量检测进行了具体的探究，旨在为提升我国医疗卫生整体水平贡献力量。本书结构清晰，内容丰富，有助于读者明确知识原理和实践过程，可供相关的学生与在职人员等参考使用。

在撰写本书过程中，作者得到了同仁的大力支持，书中参考并借鉴了多位学者的专著、论文以及部分学者的研究成果，在此表示感谢。

由于作者水平有限，加上时间仓促，书中的疏漏和不足在所难免，恳请各位学者及读者提出宝贵的意见和建议，以便今后修改完善。

目　录

目 录

第一章　医疗器械检验检测基础知识

第一节　检验检测概述

医疗器械检验检测是指对医疗器械进行技术性、安全性、有效性等方面的检验和检测工作。它主要包括对医疗器械的设计、生产、运输、使用等各个环节进行检验和检测，以确保医疗器械的质量和安全性。

医疗器械检验检测的内容主要包括以下几个方面：首先是对医疗器械的外观、结构、性能等进行检验，以验证其是否符合相关的技术标准和规范要求；其次是对医疗器械的安全性进行检测，包括对材料的生物相容性、电磁兼容性、辐射安全性等进行评估；此外，还需要对医疗器械的有效性进行评价，包括对其治疗效果、诊断准确性等进行验证。

医疗器械检验检测的范围非常广泛，涵盖了各个医疗器械的类别和种类。不同领域之间的区别主要体现在检验检测的内容和标准上。例如，对于医用耗材的检验检测，主要关注其材料的性能和安全性；而对于医疗设备的检验检测，则需要更加重视其结构的稳定性和功能的有效性。

检验检测机构的存在是非常必要且具有重要价值的。首先，它可以对医疗器械进行全面、系统的检验检测，确保其质量和安全性，保障患者的生命安全和身体健康。其次，检验检测机构可以提供专业的技术支持和咨询服务，帮助医疗器械生产企业提高产品质量和技术水平。此外，检验检测机构还可以为政府监管部门提供技术支持和数据参考，加强对医疗器械市场的监管和管理。

综上所述，医疗器械检验检测是确保医疗器械质量和安全性的重要手段，其范围广泛，涵盖了不同领域的医疗器械。检验检测机构的存在对于保障患者的生命安全、提升医疗器械质量和技术水平以及加强市场监管具有不可替代的必要性和重要价值。

第二节　医疗器械概述

一、医疗器械的定义

医疗器械，是指直接或者间接用于人体的仪器、设备、器具、体外诊断试剂及校准物、材料以及其他类似或者相关的物品，包括所需要的计算机软件。其效用主要通过物理等方式获得，不是通过药理学、免疫学或者代谢的方式获得，或者虽然有这些方式参与但是只起辅助作用。其目的是：

①疾病的诊断、预防、监护、治疗或者缓解；

②损伤的诊断、监护、治疗、缓解或者功能补偿；

③生理结构或者生理过程的检验、替代、调节或者支持；

④生命的支持或者维持；

⑤妊娠控制；

⑥通过对来自人体的样本进行检查，为医疗或者诊断目的提供信息。

此定义阐明了医疗器械的使用对象、使用方式、功能、产品形态，而且与具有相同功能和用途的另一个产品群——药物，作了原则性的区别界定。在传统的产业管理中对医疗器械的界定，除了医疗器械法规定义所包括的医疗器械品种门类外，还包括一些非直接产生或影响医疗保健效能的医院辅助设施和器具，也包括医疗器械中应用的计算机软件。由于其在市场和管理上与医疗器械有更多的共性，因此将其归入医疗器械定义范围。

二、医疗器械的分类规则

按照风险程度由低到高，我国医疗器械管理类别依次分为第一类、第二类和第三类。医疗器械风险程度，应当根据医疗器械的预期目的，通过结构特征、使用形式、使用状态、是否接触人体等因素综合判定。

依据影响医疗器械风险程度的因素，医疗器械可以分为以下几种情形：

（1）根据结构特征的不同，分为无源医疗器械和有源医疗器械。

（2）根据是否接触人体，分为接触人体器械和非接触人体器械。

（3）根据不同的结构特征和是否接触人体，医疗器械的使用形式包括：

①无源接触人体器械：液体输送器械、改变血液体液器械、医用敷料、侵入器械、重复使用手术器械、植入器械、避孕和计划生育器械、其他无源接触人体器械；

②无源非接触人体器械：护理器械、医疗器械清洗消毒器械、其他无源非接触人体器械；

③有源接触人体器械：能量治疗器械、诊断监护器械、液体输送器械、电离辐射器械、植入器械、其他有源接触人体器械；

④有源非接触人体器械：临床检验仪器设备、独立软件、医疗器械消毒灭菌设备、其他有源非接触人体器械；

（4）根据不同的结构特征、是否接触人体以及使用形式，医疗器械的使用状态或者其产生的影响包括以下情形：

①无源接触人体器械：根据使用时限分为暂时使用、短期使用、长期使用；接触人体的部位分为皮肤或腔道（口）、创伤或组织、血液循环系统或中枢神经系统；

②无源非接触人体器械：根据对医疗效果的影响程度分为基本不影响、轻微影响、重要影响；

③有源接触人体器械：根据失控后可能造成的损伤程度分为轻微损伤、中度损伤、严重损伤；

④有源非接触人体器械：根据对医疗效果的影响程度分为基本不影响、轻微影响、重要影响。

第三节 医疗器械标准的一般要求

标准是在一定的范围内获得最佳秩序，经协商一致制定并由公认机构批准，共同使用、重复使用的一种规范性文件。医疗器械产品的安全性和有效性极大程度上依赖于产品合理的设计、企业的质量保证体系实施情况以及相应的医疗器械标准的支撑。同时，医疗器械标准也是医疗器械监督管理部门实施监督的法律依据。此外，医疗器械标准在各国医疗器械产品的准入活动中都起着非常重要的作用，符合各适用标准的要求是企业向监管机构证明其产品安全有效的最便捷的途径。

一、我国医疗器械标准化现状

中国的标准化工作始于 1956 年，目前根据《中华人民共和国标准化法》规定，我国标准属性分为 3 类：

（1）强制性标准：强制性国家标准（GB），强制性行业标准（YY）。

（2）推荐性标准（T）：推荐性国家标准（GB/T），推荐性行业标准（YY/T）。

（3）指导性文件（Z）：国家标准指导性文件，行业标准指导性文件。

国家标准由国务院标准化行政主管部门制定。对没有国家标准而又不需要在全国某个行业范围内统一的技术要求，可以制定行业标准。企业生产的产品没有国家标准和行业标准时，应当制定企业标准，作为组织生产的依据。

国家标准、行业标准分为强制性标准和推荐性标准。保障人体健康，人身、财产安全的标准和法律、行政法规规定强制执行的标准是强制性标准，其他标准是推荐性标准。

二、我国医疗器械标准管理办法

医疗器械标准，是指由国家医疗器械主管部门依据职责组织制（修）订，依法定程序发布，在医疗器械研制、生产、经营、使用、监督管理等活动中遵循的统一技术要求。

医疗器械标准按照其效力分为强制性标准和推荐性标准。对保障人体健康和生命安全的技术要求，应当制定为医疗器械强制性国家标准和强制性行业标准。对满足基础通用、与强制性标准配套、对医疗器械产业起引领作用等需要的技术要求，可以制定为医疗器械推荐性国家标准和推荐性行业标准。

医疗器械企业应当严格按照经注册或者备案的产品技术要求组织生产，保证出厂的医疗器械符合强制性标准以及经注册或者备案的产品技术要求。医疗器械推荐性标准被法律法规、规范性文件及经注册或者备案的产品技术要求引用的内容应当被强制执行。医疗器械产品技术要求，应当与产品设计特性、预期用途和质量控制水平相适应，并不得低于产品适用的强制性国家标准和强制性行业标准。国家医疗器械监督管理部门对医疗器械企业实施医疗器械强制性标准，对经注册或者备案的产品技术要求的情况进行监督检查。

国家医疗器械监督管理部门根据医疗器械标准化工作的需要，经批准依法组建医疗器械标准化技术委员会。医疗器械标准化技术委员会履行下列职责：

（1）开展医疗器械标准研究工作，提出本专业领域标准发展规划、标准体系意见。

（2）承担本专业领域医疗器械标准起草、征求意见、技术审查等组织工作，并对标准的技术内容和质量负责。

（3）承担本专业领域医疗器械标准的技术指导工作，协助解决标准实施中的技术问题。

（4）负责收集、整理本专业领域的医疗器械标准资料，并建立技术档案。

（5）负责本专业领域医疗器械标准实施情况的跟踪评价。

（6）负责本专业领域医疗器械标准技术内容的咨询和解释。

（7）承担本专业领域医疗器械标准的宣传、培训、学术交流和相关国际标准化活动。

三、国际三大标准化机构简介

（一）国际标准化组织

国际标准化组织（International Organization forstandardization，ISO）是目前世界上最大、最权威的国际标准化专门机构。1946年10月14日至10月26日，中、英、美、法、苏等25个国家的64名代表集会于英国伦敦，正式表决通过建立国际标准化组织。1947年2月23日，ISO章程得到15个国家标准化机构的认可，国际标准化组织正式宣告成立。

国际标准化组织的主要活动是制定国际标准，协调世界范围的标准化工作，组织各成员国和技术委员会进行情报交流，以及与其他国际组织进行合作，共同研究有关标准化问题。按照ISO章程，其成员分为团体成员和通信成员。团体成员是指最有代表性的全国标准化机构，且每一个国家只能有一个机构代表其国家参加ISO。通信成员是指尚未建立全国标准化机构的国家（或地区）。通信成员不参加ISO技术工作，但可了解ISO的工作进展情况，经过若干年后，待条件成熟，可转为团体成员。ISO的工作语言是英语、法语和俄语，总部设在瑞士日内瓦。

（二）国际电工委员会

国际电工委员会（International Electrotechnical Commission，IEC）是世界上成立最早的国际性电工标准化机构，负责有关电气工程和电子工程领域中的国际标准化工作。IEC出版包括国际标准在内的各种出版物，并希望各成员在本国条件允许的情况下，在本国的标准化工作中使用这些标准。

目前，IEC的工作领域已由单纯研究电气设备、电机的名词术语和功率等问题扩展到电子、电力、微电子及其应用、通信、视听、机器人、信息技术、新型医疗器械和核仪表等电工技术的各个方面。我国1957年加入IEC，1988年起以国家技术监督局的名义参加IEC的工作，现在以中国国家标准化管理委员会（SAC）的名义参加IEC的工作。

（三）国际电信联盟

国际电信联盟（International Telecommunication Union，ITU）是联合国的一个专门机构。该国际组织成立于1865年5月17日，是由法、德、俄等20多个国家在巴黎会议上为了顺利实现国际电报通信而成立的国际组织,定名为"国际电报联盟"。1932 年,70 个国家代表在西班牙马德里召开会议,决议把"国际电报联盟"改为"国际电信联盟"。1947 年,在美国大西洋城召开国际电信联盟会议,经联合国同意,国际电信联盟成为联合国的一个专门机构。

四、我国医疗器械标准规划

我国医疗器械标准规划健全以需求为导向的标准立项机制,加强对涉及人体健康和生命安全的通用性基础标准的制(修)订,加快完善涵盖质量管理、临床试验管理等内容的管理标准,强化风险管理和过程控制,满足监管需求。开展以有源、无源、体外诊断试剂类重点领域医疗器械产品标准和方法标准提高工作,有效提升标准覆盖面。其中:

(一)医疗器械质量管理标准化重点领域

医疗器械质量管理领域、医疗器械风险管理领域、医疗器械临床试验管理领域。

(二)有源医疗器械标准化重点领域

(1)推进医用电气设备通用及专用安全国际标准转化,制定通用基础标准及配套实施方案和教材。

(2)具体包括医用机器人领域、有源植入物领域、医用软件领域、PET-MRI 等多技术融合医疗器械领域、医用呼吸及麻醉设备领域、医疗器械消毒灭菌领域、口腔数字化设备领域、医用体外循环设备领域、放射治疗及核医学设备领域、医用超声设备、物理治疗领域、医用实验室设备领域、医用X线诊断设备领域和医用激光设备领域。

(三)无源医疗器械标准化重点领域

(1)推进医疗器械生物学评价国际标准的转化,进一步完善生物学评价通用及专用方法的标准体系。

(2)具体包括新型手术器械领域、新型输注器具领域、计生器械领域、辅助生殖器械领域、新型医用接头领域、新型卫生材料和敷料领域、增材制造领域、口腔数字化材料质量评价领域、组织工程领域、纳米医疗器械领域、同种异体材料领域、可吸收植入器械领域、新型生物材料及其产品领域、接触镜护理产品领域和眼内填充物领域。

（四）体外诊断医疗器械标准化重点领域

具体包括溯源和参考测量系统领域、高通量测序等新型分子诊断技术领域、质谱技术在临床检验体外诊断应用领域、传染病类体外诊断试剂领域和POCT领域。

第二章 生命体征维持类器械检测技术

第一节 呼吸机检测技术

一、概 述

人体实现呼吸过程是通过呼吸中枢支配呼吸肌有节奏地收缩和舒张，从而引起肺内压力变化来完成的。当呼吸肌收缩时，胸廓、肺部容积扩大，使肺内压力低于外部大气压时，外部富含氧气的气体通过呼吸道进入肺内，便形成一个吸气过程。当呼吸肌舒张时，胸廓、肺部恢复原先位置，使肺内压力大于外部大气压，肺内富含二氧化碳气体通过呼吸道排出，便形成一个呼气过程；吸入的富含氧气的气体与血液中的气体进行交换，结合氧气，排出二氧化碳，进而血液中被结合的氧气又与组织中气体进行交换，这就是一次完整的呼吸过程。

正常情况下，健康的人通过呼吸活动，从空气中摄入的氧气已能满足各器官组织氧化代谢的需要。但是如果呼吸系统的生理功能遇到障碍，如各种原因引起的急慢性呼吸衰竭或呼吸功能不全等，均须采取输氧气和人工呼吸进行抢救治疗。

人工呼吸机在临床抢救和治疗过程中，可以有效地提高患者的通气量，迅速解除缺氧和二氧化碳滞留问题，改善换气功能，延长患者生命，被普遍地应用于病人呼吸功能衰竭、急救复苏以及手术麻醉等领域。

呼吸机可完全脱离呼吸中枢的调节和控制，人为地产生呼吸动作，以满足人体呼吸功能的需要。早期的呼吸机多为负压呼吸机，如1927年德林克（Drinker）发明的箱式体外负压呼吸机，也被称作铁肺，这种呼吸机尽管比较符合生理特点，但由于它体积大、笨重，因无人工气道，分泌物不易排除，易发生坠积性肺炎及肺不张等并发症，严重妨碍对病人的护理和治疗。负压呼吸机在呼吸机的发展史上发挥过作用，目前已不再用于临床。

目前，大多数现代呼吸机属于正压呼吸机。正压呼吸机是通过向呼吸道提供正压将空气送入肺内，在吸气时提高肺内压、增加跨肺压而帮助气体交换，在呼气时停止向呼吸道提供正压，由于肺腔组织的弹性，将肺恢复到原来的形状，使经过交换的一部分空气呼出体外。

呼吸机的发展经历了从简单到复杂，从功能单一到多模式、多功能的过程，至今已经发展到一个比较成熟的阶段。特别是近几十年来，呼吸机的发展非常迅速。随着机电技术的发展、材料工艺的不断进步和计算机控制技术的提高，许多呼吸机带有参数自检及自校、数据通信、多参数监测及显示、通气气流及压力实时波形显示、多参数自动报警等功能。在功能的改进上，基本上只需要通过更新软件来完成。呼吸机的性能日臻完善，其适用范围也日益扩大和普及，并向多功能、智能化方向发展。

二、呼吸机的检测

随着医疗技术水平的不断发展，人们对呼吸机重要性认识的进一步提高，使得呼吸机的临床应用得到迅速发展，不仅仅在医疗机构中使用，有的已经进入普通家庭。所以，加强呼吸机的应用管理和质量控制对提高其安全性和有效性，减少临床风险具有重要意义。呼吸机的检测一般分为安全项目检测和技术性能项目检测。下面介绍常用检测项目和试验方法。

（一）呼吸机安全项目要求的检测

1. 外部标记方面强调必须包括的内容

（1）所有的高压气体输入口上都必须标有符合国家标准规定的气体名称或气体符号、必须标有供压范围和额定最大流量要求。

（2）如果有操作者可触及的接口，接口上必须有规定的标记。

（3）一次性使用的呼吸机附件的包装物上和可重复使用的呼吸附件的包装物上必须清楚地标明规定的内容。

（4）所有对气流方向敏感的元件，如果操作者不需使用任何工具就可以将其移动，在元件上必须标有清楚易认、永久贴牢的箭头指示气流方向。

检测方法：按照标准要求，根据说明书相关内容进行对照核查机器上的标记是否符合规定要求。

2. 使用说明书方面强调必须包括的内容

（1）不应使用抗静电或导电软管的意义的陈述。

（2）制造厂必须对内部和/或外部储备电源注明有关电压、电流和测试储备电源的方法等相应的数据。如果呼吸机有一个储备电源，必须描述转换到储备电源后呼吸机的功能。

（3）提供给高压气体输入口的气体中是否使用新鲜气体的声明。如果呼吸机以一种（或几种）高压气体运作，必须声明供气压力和流量范围。

（4）呼吸机的用途。指定的每种报警条件下测试报警系统功能的方法。如果报警的界限是自动设定的，必须提供报警界限值的计算方法或报警界限的默认值。

（5）声明在呼吸机使用时，通常情况下应使用的可供选择的通气方式。

（6）如果接口不是圆锥形的，必须在使用说明书中注明，或做出相应的标记。

（7）确保呼吸机安装正确、安全，有正确运作的必要的指示和操作细节。呼吸机不应被覆盖或不应放置在影响呼吸机操作和性能的位置的警示。

（8）有关维护操作的特征和频次，这些维护操作是确保持续安全并正确运作应具有的。

（9）对于呼吸机上提供的每个控制和测量变量，列出应用范围、分辨率和精度。

（11）在使用推荐的呼吸系统和由于断电或部分失电而危及正常通气量时，在下列气流量下，患者连接口处测得的呼气和吸气的压力下降值：对于呼吸机提供的潮气量大于300mL的，流量为60L/min；对于潮气量在300mL和30mL之间的，流量为30L/min；对于潮气量小于30mL的，流量为5L/min。

（12）在呼吸机的呼吸系统上增加附件或其他元件或组件时，测得呼吸机呼吸系统相对于患者接口处的压力梯度可能增加，其影响应加以说明。

检测方法：按照标准要求，根据使用说明书相关内容进行对照检查是否符合规定要求。

3. 技术说明书强调的内容

必须提供为安全运行必不可少的所有数据，包括说明所有测出的或被显示的流量、体积或通气量的环境；保持呼吸机安全操作所必需的每个呼吸机报警条件的监测原理，它们的优先级别，以及特定优先级的计算法则；呼吸机的气动图；呼吸机呼吸系统中元件的安装顺序的限制等。

检测方法：按照标准要求，根据技术说明书相关内容进行对照检查是否符合规定要求。

4. 气源动力要求

环境条件增加了气动动力供应要求，呼吸机的压力范围必须在280~600kPa，且当进气口的压力大于1000kPa时，不应引起任何危害。

检测方法：根据说明书要求连接气源，按照标准要求调节输入气源在280~600kPa后，操作呼吸机检查呼吸机是否能正常工作，当进输入气源压力大于1000kPa时是否会引起危害。

5. 工作数据的准确性方面增加的要求

工作数据的准确性方面增加了报警系统的要求，包括报警类型、报警系统构造和报警设置等。

检测方法：按说明书相关内容操作呼吸机，模拟各种报警的情况来检验是否符合要求。

6. 为防止不正确的输出而标准增加的条款

（1）如空氧混合系统中缺失一种气体，呼吸机必须自动转换至剩余气体，并且维持正常使用。同时，必须伴随着一个至少为低级报警的信号。

（2）误调节控制器有可能会产生危险输出，必须提供相应的防护措施。

（3）必须提供防止在正常使用和单一故障状态下，患者连接口处的压力超过125hPa（125cmH$_2$O）的方法。

（4）必须指明患者连接口的呼吸压力。并提供防止呼吸系统的压力超过可调节的限定值的方法。如果压力达到预先设定的限定值，呼吸机必须启动高级报警信号。

（5）对用于传输潮气量高于100mL的呼吸机，必须提供一种用于测定呼出潮气量和分钟通气量的测定装置，必须提供当被监控的潮气量低于报警限定值时启动低通气量报警条件的装置。

（6）必须提供当VBS的压力超过持续压力限定值时启动高级报警信号的方法。VBS的泄漏量：在呼吸机提供的潮气量大于300mL时，50hPa的压力下不应超过200mL/min；潮气量介于30mL与300mL之间时，40hPa的压力下不应超过100mL/min；潮气量小于30mL时，20hPa的压力下不应超过50mL/min。

（7）对连接的结构要求，规定了各种接头和接口的形状、尺寸以及泄漏量。

（8）为防止由于意外从呼吸机上脱落，电动呼吸机的网电源软电线必须是不可拆卸的。

（9）呼吸机如提供单个辅助网电源输出插座或一组辅助网电源输出插座，必须配有独立的符合国家标准中的熔断器或过电流释放器。

检测方法：按说明书相关内容操作呼吸机，检验其是否符合要求。其中有定量要求的需参照相应的技术性能项目检测方法进行试验。

7.对呼吸机的专用结构所做的规定

（1）呼吸机呼吸系统中使用的储气囊必须符合ISO 5362的规定、呼吸管道必须符合YY 0461的规定。

（2）呼吸机内置的或者推荐与呼吸机一起使用的任何湿化器或热湿交换器，都必须分别符合YY 0786或YY/T 0735的规定。

（3）呼吸机内置的或者推荐与呼吸机一起使用的任何血氧饱和仪和二氧化碳监护仪，都必须符合ISO 9919和YY 0601的规定。

（4）呼吸机必须配有一个氧气监护仪，用于测量吸入的氧气浓度，氧气监护仪必须符合YY 0601的规定。此外，必须提供一个高级报警限定。高级报警限定必须至少为符合条款规定的中级优先级的报警。

（5）任何本标准中没有提及的呼吸机内置监护设备都必须符合相关的专用标准。

（6）呼吸机内置的或者推荐与呼吸机一起使用的任何气体混合系统都必须符合ISO 11195的相关规定。

检测方法：若呼吸机配有此类部件，需按照相关部件标准实施检验，确认是否符合要求。

（二）呼吸机常用技术性能项目要求的检测

对于呼吸机而言，满足安全要求仅仅说明在正常使用过程中不会出现严重危害患者生命危险的情况，但并不能保证其实现的技术性能的满足程度。因此，加强呼吸机的技术性能质量控制与考核，对提高其使用安全性和有效提高临床救治的成功率，减少临床风险具有重要意义。下面介绍呼吸机的常用技术性能要求及试验方法，每种呼吸机的参数设置范围和允差是各不相同的，但检测的方法是基本一致的。

1. 通气频率（呼吸频率）测试

指呼吸机每分钟以控制、辅助方式向患者送气的次数，单位为次/min。测试时按"呼吸机—标准模拟肺—压力传感器—存贮示波器"连接呼吸机与测试设备，按说明书要求操作呼吸机，在"呼吸频率"规定调节范围内分别选取几个设置值，分别绘出呼吸波形，读取呼吸周期 T，用下式计算出呼吸频率。应符合技术要求中"呼吸频率"的规定。

$$F = 60/T$$

式中，F 为呼吸频率，次/min；T 为呼吸周期，s。

2. 吸气时间测试

指呼吸机在每次呼吸周期T中吸气所花费的时间，单位为秒（s）。测试时按"呼吸机—标准模拟肺—压力传感器—存贮示波器"连接呼吸机与测试设备，按说明书要求操作呼吸机，在"吸气时间"规定调节范围内分别选取几个设置值，绘出呼吸波形，读取吸气时间，应符合技术要求中"吸气时间"的规定。

3. 呼吸相时间比测试

指呼吸机在每次呼吸周期中吸气时间与呼气时间的比值，测试时按"呼吸机—标准模拟肺—压力传感器—存贮示波器"连接呼吸机与测试设备，按说明书要求操作呼吸机，在"呼吸相时间比"规定调节范围内分别选取几个设置值，分别绘出呼吸波形，读取吸气时间和呼气时间，用下式计算出呼吸相时间比。应符合技术要求中"呼吸相时间比"的规定。

$$吸：呼 = 吸气时间：呼气时间$$

4. 潮气量测试

指每次传送的混合气体的体积，称为潮气量，单位为毫升或升（mL或L）。测试时按图2-1连接呼吸机与测试设备，按说明书要求操作呼吸机，在"潮气量"规定调节范围内分别选取几个设置值，读取压力表的读数P，用下式计算出潮气量，应符合技术要求中"潮气量"的规定。

$$潮气量 = CP$$

式中，C为模拟肺实际顺应性，mL/kPa；P为压力表的读数，kPa。

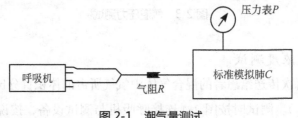

图2-1 潮气量测试

5. 分钟通气量测试

指每分钟传送的混合气体的体积，称为分钟通气量，单位为升/分钟（L/min）。测试时按图2-2连接呼吸机与测试设备，按说明书要求操作呼吸机，在"每分钟通气量"规定调节范围内分别选取几个设置值，读取压力表的读数P，并测试出呼吸频率F，用下式计算出每分钟通气量，应符合技术要求中"每分钟通气量"的规定。

$$每分钟通气量 = CPF$$

式中，C为模拟肺实际顺应性，mL/kPa；P为压力表的读数，kPa；F为呼吸频率，次/min。

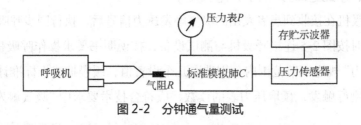

图2-2 分钟通气量测试

6. 气道压力测量

指呼吸机运行过程中在呼吸通道内所产生的压力，气道压力包括峰压（P_{peak}）、坪台压（$P_{plateau}$）、呼气末正压（PEEP）等，单位为kPa。测试时按图2-3连接呼吸机与测试设备，按说明书要求操作呼吸机，在所控制的气道压力调节范围内分别选取几个设置值，用压力描绘仪记录压力波形，从压力波形上读取相应的压力数值，应符合技术要求中相关气道压力的规定。

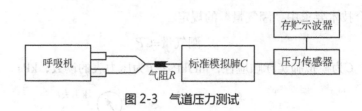

图 2-3　气道压力测试

7. 吸入氧浓度测试

指呼吸机每次传送给患者的混合气体中氧气所占的体积百分比浓度。称为吸入氧浓度（FiO_2）。测试时按图2-4连接呼吸机与测试设备，按说明书要求操作呼吸机，在"吸入氧浓度"规定调节范围内分别选取几个设置值，读取测氧仪的读数，应符合技术要求中"吸入氧浓度"的规定。

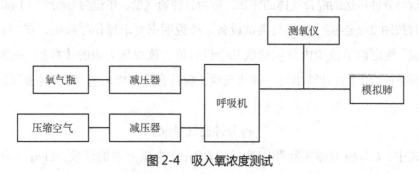

图 2-4　吸入氧浓度测试

8. 吸气触发压力（同步灵敏度）

指呼吸机在接收到患者发出的吸气触发压力信号后，执行同步呼吸功能的能力。测试时按图2-5连接呼吸机与测试设备，按说明书要求操作呼吸机，在"吸气触发压力"规定调节范围内分别选取几个设置值，缓慢抽或推标准计量容器，使呼吸机刚好触发，读取压力表的读数，应符合技术要求中"吸气触发压力"的规定。

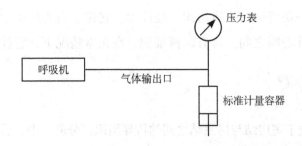

图 2-5 吸气触发压力测试

以上是几种最常规的试验方法和测试连接，其他诸如：潮气量监测与报警、分钟通气量监测与报警、气道压力监测与报警、吸气时间监测等检测连接基本都是以此为雏形。

第二节 植入式心脏起搏器检测技术

一、概 述

心脏是体内血液循环的动力源，它的作用类似一个泵，驱使血液在血管中流动。血液循环中有两个平行系统：从右心室泵出的血液通过肺动脉瓣、肺动脉进入肺毛细血管和吸入的氧气结合，氧合后血液变成动脉血后经肺静脉进入左心房，形成肺循环；随后血液经二尖瓣从左心房充盈左心室，心肌收缩使血液经主动脉瓣泵出，通过主动脉、大小动脉流到全身，血液在毛细血管处进行物质交换以供应人体所必需的营养，回流的血液成为静脉血则通过静脉系统，最后从上、下腔静脉进入右心房，形成体循环。体循环和肺循环周而复始的运动，维持人体的正常代谢。

构成心脏的心肌可以分为两种。一种是能收缩的一般心肌纤维，占心肌的大部分，如心房肌和心室肌等。另一种是特殊的心肌组织，占心脏的小部分，它们已失去一般心肌纤维的收缩能力，具有自律性和传导性，是产生和传导心脏内激动的特殊系统，故称为心脏特殊传导系统；它包括下列 6 个部分。

1. 窦房结

窦房结是一块特殊的心肌组织，呈棱形。它位于右心房接近上腔静脉入口处，在心肌与外心膜之间。含有起搏细胞，在正常情况下，它控制整个心脏的活动。

2. 结间束

结间束是位于窦房结与房室结之间的传导组织，分前、中、后 3 支。

3. 房室交界区

房室交界区位于右心房与右心室交界处的上后方的心内膜下面。

4. 房室束（又称希氏束）

房室交界区向下延续成为房室束。

5. 左、右束支

房室束进入室中膈分成左、右两束支，沿心中膈左右两侧行走，左束支在室中膈上方 1/3 处又分为前半支和后半支。

6. 心室传导纤维（浦肯野纤维）

心室传导纤维是指左、右束支的小分支最后分为无数微小细支，密布于左右心室的心内膜下层。

在正常情况下，窦房结发出兴奋电信号，沿结间束通过房室结、希氏束传至分布到心室顶端的浦肯野纤维，引发心脏收缩泵血。除窦房结外，房室结与传导系统的其他部分也有起搏活性。人正常状态下，窦房结起搏频率约为 70 次/min，称为一级起搏，而房室结与传导系统的较低部位为潜在起搏点。如窦房结起搏功能停止，则某一潜在起搏点就会取代其称为实际起搏点。房室结作为实际起搏点时，称为二级起搏，其自发频率为 40~60 次/min（称为结性心律）。如房室结的起搏也停止，则心室的传导系统可作为三级起搏点开始起作用，但此时的频率只有 25~40 次/min（称为室性心律），基本上不能满足需要。以窦房结起搏的心率称为窦性心律，而其他起搏点起搏的心率统称异位心律。

但在某些病理状态下，如兴奋起源点、兴奋频率、传导途径、速度等任何一个环节发生异常时，都可形成异常心律。常见的异常心率有兴奋起源异常和兴奋传导异常。

（一）兴奋起源异常

1. 窦性心律失常

正常的心脏起搏点在窦房结，且每分钟节律性地搏动 60~100 次，这种心率为正常心率。若起搏点仍在窦房结，但其频率每分钟超过 100 次，则称为窦性心动过速；如窦性心律的频率每分钟低于 60 次，则称为窦性心动过缓；如果窦房结发生的兴奋节律不均匀，则称为窦性心律不齐。

2. 异位心律

若控制心脏兴奋的起搏点不在窦房结，而在特殊传导系统中的其他部位，则称这种由异常起搏点产生的心律为异位心律。常见的异位心律有期前搏动、阵发性心动过速、震颤和纤颤等。

（二）兴奋传导异常

窦房结发出的兴奋，若不能按正常速度和顺序到达各部位，称之为传导失常。病理情况下，多表现为房室传导阻滞。

在某些病理条件下，如窦房结和（或）传导系统发生病变，导致天然的心脏起搏系统无法正常工作，用一定形式的脉冲电流刺激心脏，使有起搏功能障碍或房室传导功能障碍等疾病的心脏按一定频率应激收缩，称为人工心脏起搏。

人工心脏起搏器在临床上的应用，使过去经药物治疗无效的严重心律失常患者可以得到救治，从而大大降低了心血管疾病的死亡率是近代生物医学工程对人类的一项重大贡献。

1932 年，美国的胸外科医生海曼（Hyman）发明了第一台由发条驱动的电脉冲发生器，借助两个导针穿刺心房可使停跳的心脏复跳，命名为人工心脏起搏器，开创了用人工心脏起搏器治疗心律失常的伟大时代。1952 年，心脏起搏器真正应用于临床。美国医生佐尔（Zoll）用体外起搏器，经过胸腔刺激心脏进行人工起搏，抢救了两名濒临死亡的心脏传导阻滞病人，自此推动了起搏器在临床的应用和发展。1958 年瑞典的埃尔姆格里斯特（Elmgrist）和 1960 年美国的格雷特巴奇（Greatbatch）分别发明和临床应用了植入式心脏起搏器。起搏器自发明以来经历了固定频率起搏、按需起搏、生理性起搏和自动化起搏等四个阶段，并朝着寿命长、可靠性高、小型化和功能完善的智能化方向发展。

二、植入式心脏起搏器的检测

植入式心脏起搏器需要植入人体，属于用于心脏的治理、急救装置类的医用电子仪器设备，属于高风险的医疗器械，其分类编号为6821-1，作为Ⅲ类有源医疗器械进行管理。

（一）心脏起搏器的包装、标志和随机文件的要求

在使用植入式心脏起搏器的时候，医生需要大量的信息，以便对起搏器作正确识别、植入并对随后的性能进行检查。

包装可分为运输包装（选择性的）、贮存包装和灭菌包装。每个包装必须具有清晰的、且不会对包装物品产生不利影响的标志，标志材料应能在包装的正常搬运中保持标志清晰。

随附于起搏器（即脉冲发生器、电极导管或适配器）的文件必须包括：临床医师手册、登记表、病人识别卡、取出记录表、专用技术信息卡。

脉冲发生器需提供必要的信息以作正确识别及跟踪。脉冲发生器上的标志必须是永久性的且清晰易读，并必须包括以下内容：制造商的名称和地点、具备的最主要的起搏模式、型号和序号，冠有"SERIAL NUMBER"或"SN"字样。

脉冲发生器的无损伤识别须借助于不透射线字母、数字元和/或符号，组成某一脉冲发生器特有的代码。识别标记须置于脉冲发生器之内，以使临床医师可借助适用的代码信息，以无损伤方式进行识别。识别标志至少必须指明制造商及脉冲发生器的特有型号。

由于电极导管尺寸是有限的，所以只要求每个电极导管及每个适配器（若可能的话）必须有永久性的、清晰可见的制造商识别标志和序号标志。

（二）对环境应力的防护

对环境应力的防护主要是为了使各国的试验统一起来。一些试验并不根据实际出现的环境条件来评价起搏器，而是从环境试验标准中引用来的：这些标准归

结为一点，"总是要求有一定程度的工程技术评价"。

1. 振动试验

（1）要求

目的是试验耐疲劳度。在进行试验后，脉冲发生器的性能必须在 37±2℃，500Ω±5%负载时测得的结果符合"专用技术信息卡"上的脉冲发生器的性能要求规定。

（2）试验方法

按GB/T 2423.10《电工电子产品基本环境试验规程第 2 部分：试验方法试验 Fc 和导则：振动（正弦）》的规定对脉冲发生器进行正弦振动试验，下述试验条件必须得到满足：

频率范围：5~500Hz；

振动位移/加速度（峰值）：5~20Hz，位移 3.5mm；20~500Hz，加速度 25m/s^2；

扫描：5/500/5Hz，1 倍频程/min；

扫频次数：3 个相互垂直的轴向各 3 次；

持续时间：每个方向各 30min。

试验结束后，检查脉冲发生器是否符合"专用技术信息卡"规定的要求。

2. 冲击试验

（1）要求

在进行试验时，37±2℃，500Ω±5%负载时测得的脉冲发生器功能必须与"专用技术信息卡"要求相符合。

（2）试验方法

按GB/T 2423.5《电工电子产品环境试验第二部分：试验方法试验 Ea 和导则：冲击》的规定对脉冲发生器按以下条件进行冲击试验：

脉冲波形：半正弦波，模拟无反跳冲击。

强度：峰值加速度，5000m/s^2；脉冲持续时间，1ms。

冲击的方向和次数：3 个相互垂直的轴线的两个方向各 1 次（即总共六次）；轴线要选择得最有可能使故障暴露出来。

试验结束后，检查脉冲发生器的功能必须满足"专用技术信息卡"要求。

3.温度循环

（1）要求

在进行试验时，检查脉冲发生器是否符合在 $37 \pm 2℃$、$500\Omega \pm 5\%$ 负载时测得的脉冲发生器"专用技术信息卡"功能规定的要求。

（2）试验方法

将脉冲发生器的温度降至制造商规定的最低值或 0℃（取较高值），保持该温度 $24h \pm 15min$。

以 $0.5 \pm 0.1℃/min$ 的频率将温度升至 $50 \pm 0.5℃$，保持该温度 $6h \pm 15min$。

以 $0.5 \pm 0.1℃/min$ 的频率将温度降至 $37 \pm 0.5℃$，保持该温度 $24h \pm 15min$。

试验结束后，检查脉冲发生器是否符合在 $37 \pm 2℃$、$500\Omega \pm 5\%$ 负载时测得的脉冲发生器"专用技术信息卡"功能规定的要求。

（三）对电气危险的防护

1.除颤

植入式心脏起搏器在工作时，可能会碰上除颤过程，起搏器应该能承受这种应力。一般情况下，除颤电极不会直接与起搏器接触，选择一个合适电路模拟发生植入式起搏器可能遭受的信号。

（1）要求

心脏起搏器的每个输出和输入都须有相当程度的防护，以使在一次除颤脉冲衰减后和一个两倍于逸搏间期的时间延迟后，无论同步性能还是刺激性能都不会受影响。

在进行试验时，测得的值必须符合在 $37 \pm 2℃$、$500\Omega \pm 5\%$ 负载时测得的脉冲发生器"专用技术信息卡"功能规定的要求。

（2）试验方法

通过一个 300Ω（$\pm 2\%$）的电阻，将脉冲发生器与一个由 R–C–L（电阻—电容—电感）串联回路（见图2-6）构成的除颤试验电路相连。

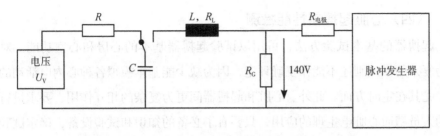

图2-6 试验冲击电压电阻的除颤脉冲发生器试验电路

其中，$C=330\mu F$（$\pm5\%$）；$L=13.3mH$（$\pm1\%$）；$R_L+R_G=10\Omega$（$\pm2\%$），R_L 为电感电阻，R_G 为除颤脉冲发生器的输出电阻。

输出峰值为 140V（$\pm5\%$）。

用连续的三个正向脉冲（+140V），间隔为 20s，对脉冲发生器进行试验；停隔 60s，再用连续的三个负向脉冲（－140V），间隔为 20s重复试验。检查脉冲发生器的性能，它们不能受到影响。

试验时，对单极脉冲发生器按上述试验方法试验。对双极脉冲发生器，依次将脉冲发生器的每个电极导管端子及金属外壳经一 300Ω 电阻与除颤脉冲发生器相连进行试验。如外壳上覆盖有绝缘材料，则将脉冲发生器浸入一个充满生理盐水的金属容器，使外壳与容器相连，再按上述的脉冲序列对脉冲发生器进行试验。对于其他脉冲发生器，对具有一个以上输入或输出的脉冲发生器，按双极脉冲发生器方法对每个电极导管端子进行试验。

2. 植入式起搏器的电中性

人体内电极间的纯直流电流会导致组织及电极的损伤，故需测量起搏器的电中性，即无漏电流。

（1）漏电流测试

将每个脉冲发生器的输入和输出端子通过 $100k\Omega$ 的输入电阻与一直流示波器相连至少 5min，恰好在一个脉冲之前测量示波器上显示的电压值，不得超过 10mV。也就是说，任何电流通道上漏电流不大于 $0.1\mu A$。

（2）绝缘电阻测试

用直流电阻计在每对端子以及每个端子与金属外壳间进行试验，施加的电压不高于 0.5V时，外壳电阻不小于 $5M\Omega$。

（四）心脏起搏器性能检测

起搏器的基本试验方法，可用以试验起搏器基本的心房和心室功能。对于更为复杂的模式则还不能作正确评定，因为缺少能基本模拟各种心内电活动的设备，尤其在定时方面。此外、心脏和起搏器间更为复杂的相互作用，要求进行试验的人员精通心脏电生理的应用，只要有了必备的知识和试验设备，确定试验电路便是迎刃而解的事了。

1. 试验条件与设备

（1）试验条件

脉冲发生器的试验在 $37 \pm 2℃$ 下进行。对于具有双腔功能的起搏器，心房和心室的性能都要试验。

（2）试验设备

试验负载阻抗：$500\Omega \pm 5\%$。

双踪示波器需具备以下特性：灵敏度 < 1V/division（标称值）；最大上升时间 $10\mu s$；最小输入阻抗 $1M\Omega$；最大输入电容 50pF；达到全幅脉冲读数的时间 $10\mu s$。

间期（周期）计数器：最小输入阻抗为 $1M\Omega$。

试验信号发生器，用于灵敏度测量，最大输出阻抗为 $1k\Omega$，并能产生适合于心房感知和心室感知评估的信号。需有正、负二种极性的试验信号，信号波形为三角波。试验信号的前沿为 2ms，后沿为 13ms。

可触发双脉冲发生器，用于感知和起搏不应期的测量。

信号波形由起搏器制造商规定，但脉冲延迟应当在 0~2s（最小）间独立可调，循环周期至少有 4s 可调。在循环周期内，发生器不可能被再次触发。

（3）测量准确度

所有的测量准确度都必须在下列限定范围之内：

测量项目	精度
脉幅	±5%
脉宽	±5%
脉冲间期/试验脉冲间期	±0.2%
脉冲频率/试验脉冲频率	±0.5%
灵敏度	±10%
输入阻抗	±20%
逸搏间期	±10%
不应期	±10%
房室间期	±5%

2.测试项目

（1）脉幅、脉宽和脉冲间期（脉冲频率）的测量

脉幅度是指起搏器发放脉冲的电压强度；脉宽度是指起搏器发放单个脉冲的持续时间。脉冲的幅度越大，宽度越宽，对心脏刺激作用就越大，反之若脉冲的幅度越小，宽度越窄，对心肌的刺激作用就小。起搏器发放电脉冲刺激心肌使心脏起搏，从能量的观点上看，起搏脉冲所具有的电能转换成心肌舒张、收缩所需要的机械能，因此窦房传导阻滞或房室传导阻滞的患者所发出的P波无法传送到心室，或者窦房结所应发出的电能根本不能发生，而起搏脉冲便是对上述自身心脏活动的代替。

据研究，引起心肌的电能是十分微弱的，仅需几个微焦耳，一般可选取脉冲幅度5V、脉冲宽度0.5~1ms为宜。起搏能量还与起搏器使用电极的形状、面积、材料及导管阻抗损耗等有关，如果对这些因素有所改进，则起搏能量将有所减少，从而可降低起搏脉冲幅度和减少起搏脉冲的宽度，故可减少电源的消耗，延长电池的使用寿命。

起搏频率即起搏器发放脉冲的频率。一般认为，能维持心排出量最大时的心率最适宜，大部分患者60~90次/min较为合适，小儿和少年要快些。起搏频率可根据患者情况调节。

试验电路：选用适合于测量的脉冲发生器输出端子，按图2-7连接试验设备。

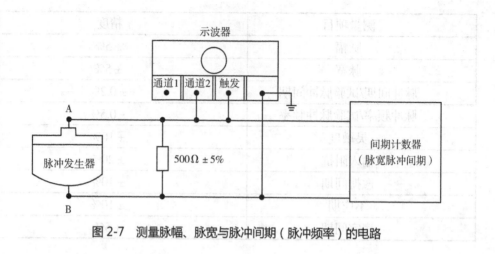

图2-7　测量脉幅、脉宽与脉冲间期（脉冲频率）的电路

试验方法：

调节示波器，使之显示由脉冲发生器产生一个从前沿到后沿的完整的脉冲波形，起搏脉冲的波形是一个顶部略有下降的近似方波。在脉冲波形上幅值等于脉幅峰值1/3处的各点之间测量脉宽。根据具体情况，将电流或电压对时间的积分除以脉宽，计算出脉幅，一般在5V左右。

测量脉冲间期时，将间期计数器调节到由脉冲发生器的脉冲前沿触发的状态，读取周期计数器上显示的脉冲间期，多在0.5~1ms之间。

测量负载变化的影响，在250Ω和750Ω的负载下测量脉冲特性，以确定在电阻作用下的变化情况。检查测得的数据，应符合专用技术信息卡上制造商的声称值。

（2）灵敏度（感知阈值）的测量

持续控制脉冲发生器功能所需要的最小信号称为灵敏度，单位为毫伏。同步型起搏器为了实现与自身心律的同步，必须接受R波或P波的控制，使起搏器被抑制或被触发。感知灵敏度是指起搏器被抑制或被触发所需最小的R波或P波的幅值。

R波同步型：一般患者R波幅值在5~15mV，而少数患者可能只有3~5mV。另外，由于电极导管系统传递路径的损失，最后到达起搏器输入端的R波可能只剩下2~3mV。因此，R波同步型的感知灵敏度应选取1.5~2.5mV为宜，以保证对95%以上的患者能够适用。

P波同步型：一般患者P波仅有3~5mV，经导管传递时衰减一部分，传送到起搏器的P波就更小了，因此P波同步型的感知灵敏度选择为 0.8~1mV。感知灵敏度要合理选取。选低了，将不感知（起搏器不被抑制或触发）或感知不全（不能正常同步工作）；如果选取过高，可能导致误感知（即不该抑制时而被抑制，或不该触发时而被误触发）以及干扰敏感等，造成同步起搏器工作异常。

试验电路：选用适合于测量的脉冲发生器感知端子，按图2-8连接试验设备。

试验方法：

采用正脉冲的方法：用灵敏度试验信号发生器按用于灵敏度测量的方法对A点施加一正信号，调节信号的脉冲间期，使之比脉冲发生器的基本间期至少小50ms。将试验信号幅度调至零，调节示波器使其能显示几个脉冲发生器的脉冲。

缓慢增加试验信号的幅值，直至脉冲发生器停止发生输出脉冲（对抑制模式）或者脉冲发生器的脉冲持续地与试验信号同时发生（对触发模式）。

将试验信号发生器的电压值除以200，以计算正灵敏度幅值。

采用负脉冲的方法：按采用正脉冲所述的方式对A点施加一负向试验信号，按顺序重复试验。将试验信号发生器的电压值除以200，以计算负向灵敏度幅度。

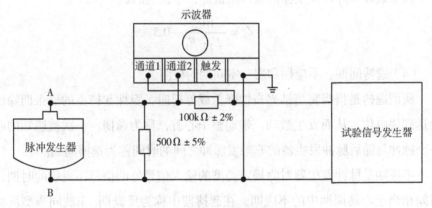

图 2-8　测量灵敏度的电路

（3）输入阻抗的测量

就脉冲发生器而言，出现在其端子上的对于试验信号的电阻抗，该阻抗被认为与感知心搏时出现的阻抗是相等的。

试验电路：选用适合于测量的脉冲发生器的感知端子，按图2-9连接试验设备。

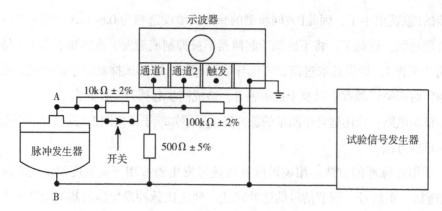

图 2-9　测量输入阻抗的电路

试验方法：

调节试验信号幅度（正和负）从零至脉冲发生器刚好持续抑制或触发（根据具体情况）时的值E_1。

断开开关，使试验信号发生器的输出上升到a条给定的条件得到恢复时的值E_2。

按下式计算脉冲发生器的输入阻抗Z_{in}，单位为kΩ。

$$Z_{in} = \frac{10E_1}{E_2 - E_1} - 0.5$$

（4）逸搏间期、不应期和房—室间期的检测

所谓逸搏是指当窦房结兴奋性降低或停搏时，隐性起搏点的舒张期除极有机会达到阈电位，从而发生激动，带动整个心脏，称为逸搏。一次被感知的心搏或一个脉冲与随后脉冲发生器的非触发脉冲之间的时间称为逸搏间期。

不应期是脉冲发生器对除规定类型的输入信号外的信号不灵敏的时期，这个时间相当于心动周期中的不应期，在起搏器中称为反拗期。R波同步型反拗期一般取（300±50）ms，P波同步型一般取300~500ms。

一次心房脉冲或感知心房除极与随后的心室脉冲或感知心室除极之间的时间间隔称为房—室（A–V）间期。心室脉冲或感知心室除极与随后的心房脉冲或感知心房除极之间的时间间隔称为室—房（V–A）间期。

在进行逸搏间期、不应期和房—室间期项目检测时将试验设备与脉冲发生器按图 2-10 连接。

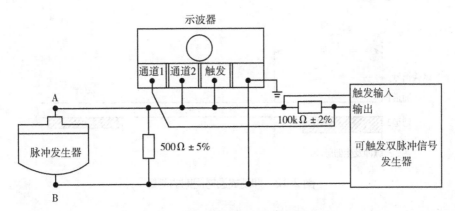

图 2-10　测量逸搏间期和不应期的电路

测量逸搏间期的试验方法：

①调节信号发生器直至试验信号的幅值约为按灵敏度（感知阈值）的检测测得的epos或eneg的 2 倍，以保证脉冲发生器感知到信号。将信号发生器调节到在其触发和产生试验信号之期间只提供延迟t的单脉冲，而且让t稍大于受试脉冲发生器的间期t_p。

②调节示波器和信号发生器，以获得图 2-11 所示的图形（试验脉冲和脉冲发生器的脉冲都呈直线形）。

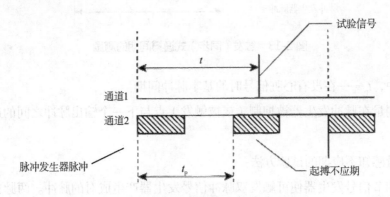

图 2-11　测量逸搏间期的示波器初始图形

③减少试验信号延迟t，直至试验脉冲不在不应期内，若试验的是抑制式脉冲发生器，则可获得图 2-12 所示的图形。

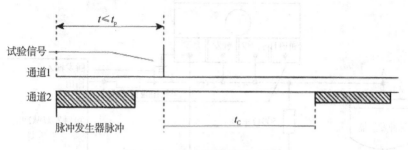

图 2-12　抑制式逸搏间期的测量

其中，t_p——在没有心脏信号时的基本脉冲间期。

若试验的是触发式脉冲发生器，则可获得图 2-13 所示的图形。

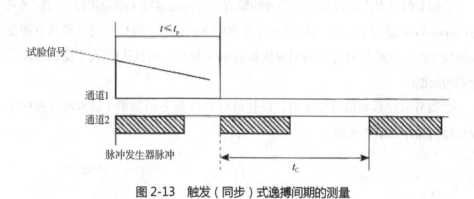

图 2-13　触发（同步）式逸搏间期的测量

其中，t_p——在没有心脏信号时的基本脉冲间期。

④测量在脉冲发生器被抑制（或被触发）点与下一个输出脉冲之间的逸搏间期 t_e。

测量感知不应期的试验方法：

①调节信号发生器使可触发双脉冲信号发生器产生成对的脉冲。两脉冲应尽可能接近，而且它们的延迟（t_1 和 t_2）应稍大于受试的输出端子的脉冲间期 t_p，其幅值应近似于制造商给定的 2epos 或 2eneg。

②调节示波器和信号发生器，以获得图 2-14 所示的图形。

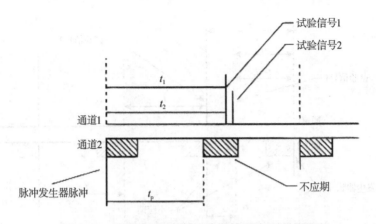

图 2-14 测量感知和起搏不应期的示波器初始图形

③减少两个试验信号的延迟时间t_1和t_2（同时保持试验信号尽可能地接近），直至第一个试验信号被脉冲发生器感知。若是抑制模式，则会导致如图 2-15 所示的脉冲发生器的一个脉冲抑制；若为触发模式，则如图 2-16 所示的输出被试验信号触发。

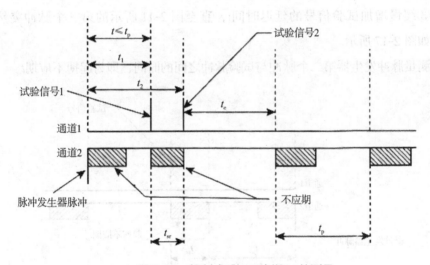

图 2-15 抑制式感知不应期 t_{sr} 的测量

④增加试验信号 2 的延迟时间t_2。若是抑制模式，增加至脉冲发生器的第二个脉冲（图 2-15）延迟出现（即向右移）；若是触发模式，增加至第三个脉冲（图2-15）提前出现（即与试验信号 2 同时出现），如图 2-16 所示。

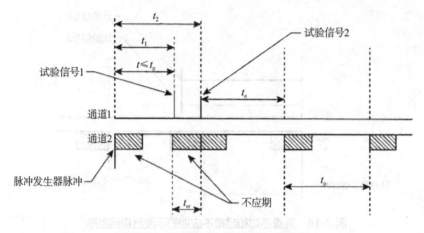

图 2-16　触发式感知不应期 t_{sr} 的测量

⑤测量两个试验信号对应点之间的时间，即为感知不应期 t_{sr}。

测量起搏不应期的试验方法（仅用于抑制式）：

①按测量逸搏间期的试验方法所述调节信号发生器。

②调节示波器和信号发生器，以获得图 2-11 所示的图形。

③缓慢增加试验信号的延迟时间t，直至图 2-11 所示的第三个脉冲突然右移，如图 2-17 所示。

测量脉冲发生器第二个脉冲与试验脉冲之间的时间，即为起搏不应期 t_{sr}。

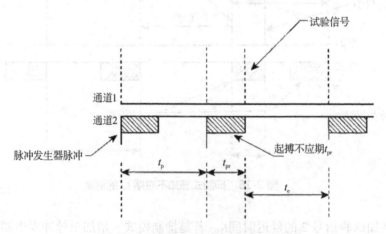

图 2-17　抑制式起搏不应期 t_{sr} 的测量

测量房—室间期的试验方法：

调节示波器，以显示图 2-18 所示的图形（起搏脉冲呈直线形）。测量第一个心房脉冲和随后的心室脉冲之间的时间，即为房—室间期t_p。

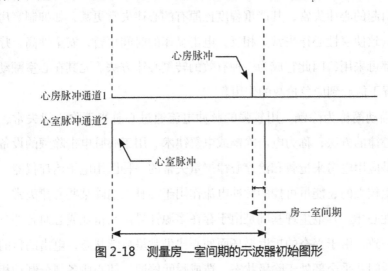

图 2-18 测量房—室间期的示波器初始图形

第三节 心脏除颤器检测技术

一、概 述

心脏是人体供血的重要器官，完成心脏泵血功能的首要条件，是心肌纤维的同步收缩。当患者出现严重心律失常，如心房扑动，心房纤颤，室上性或室性心动过速等情况时，常常会造成不同程度的血液动力障碍。纤维性颤动是指心脏产生不正常的多处兴奋而使得各自的传播相互干扰，不能形成同步收缩，某些心肌细胞群由于相位杂乱，会呈现重复性收缩状态，形成蠕动样颤动，心脏的泵血功能就完全丧失。心房肌肉的颤动称为房颤，心室肌肉的颤动为室颤。通常发生心房肌肉纤维性颤动时，心室仍然能够正常起作用；当患者出现心室颤动时，由于心室无整体收缩能力，心脏射血和血液循环中止，若不及时进行抢救，就会造成患者因脑部缺氧时间过长而死亡。

通常临床上用药物和电击除颤两种方法来治疗心律失常。药物是一种比较简便、且能为患者接受的治疗方法。但是药物转复存在中毒剂量和有效剂量较难掌握的缺点。如果疗程长，服药期间需密切观察，须随时预防药物的副作用。有的药物过量引起的心律失常，其严重程度比原有的心律失常更甚，如抑制窦房结的正常功能，致使窦性心律失常。相反，电击复律的时间短暂，安全性高，疗效良好，随时都可采用，因此它成为一种有效的转复心律方法。尤其在心室颤动等某些紧急情况下能起到应急抢救的作用。

消除颤动简称为除颤。用较强的脉冲电流通过心脏来消除心律失常、使之恢复窦性心律的方法，称为电击除颤或电复律术。用于心脏电击除颤的设备称为除颤器，是应用电击来抢救和治疗心律严重失常的一种医用电子治疗仪器。心脏除颤器产生较强的、能量可控的脉冲电流作用于心脏来消除某些心律失常，使之恢复为窦性心律。其电生理基础是由于存在多源性异位兴奋灶或心肌各部分的活动相位不一致，由于兴奋的折返循环而使心律失常呈持续状态，电击的目的是强迫心脏在瞬间几乎全部处于除极状态，造成瞬间停搏，使心肌各部分制动相位一致。这样就有可能让自律性最高的窦房结重新起搏心脏，控制心搏转复为窦性心律。

心脏电复律术的产生，起源于一个偶然事件：1774年，法国一个名叫索菲娅·格林希尔（Sophia Greenhill）三岁的小女孩不幸从楼上摔下而引起心搏骤停，被医生诊断为死亡后，一名非医务人员在她的胸部电击后使其起死回生。1933年，胡克（Hooker），考恩（Kouwenhoven）等开始在狗身上进行交流电体内除颤实验取得成功。

1947年，贝克（Beck）等首次将除颤器应用于人类，开始时使用交流电除颤。

二、心脏除颤器的检测

（一）对电击危险的防护

1. 电气隔离要求

（1）防除颤应用部分与其他部分的隔离

①隔离要求

用于将防除颤应用部分与其他部分隔离的布置应设计为：在对与防除颤应

用部分连接的患者进行心脏除放电期间，危险的电能不出现在：外壳，包括可触及导线和连接器的外表面；任何信号输入部分；任何信号输出部分；试验用金属箔，设备置于其上，其面积至少等于设备底部的面积；其他患者电路的应用部分。

施加除颤电压后，再经过随机文件中规定的任何必要的恢复时间，设备应能继续行使随机文件中描述的预期功能。

②试验检验方法

用以下的脉冲电压试验来检验是否符合要求。

共模试验：设备接至图 2-19 所示的试验电路。试验电压施加于所有互相连在一起且与地隔离的患者连接。当应用部分只有一个患者连接时，不采用差模试验。

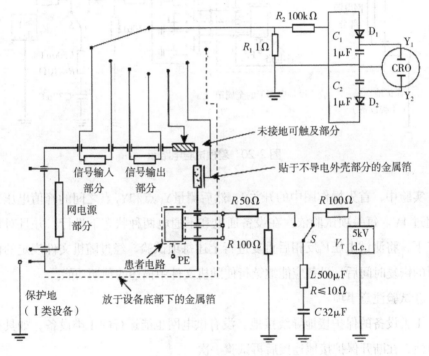

图 2-19　共模试验电路图

其中，V_T——测试电压；S——用于提供测试电压开关；R_1、R_2——误差 2%，不低于 2kV；其他元件误差 5%；CRO——阴极射线示波器（$Z_{in} \approx 1M\Omega$）；D_1、D_2——小信号硅二极管。

差模试验：设备接至图 2-20 所示的试验电路。试验电压依次施加于每一个患者连接，其余的所有患者连接接地。

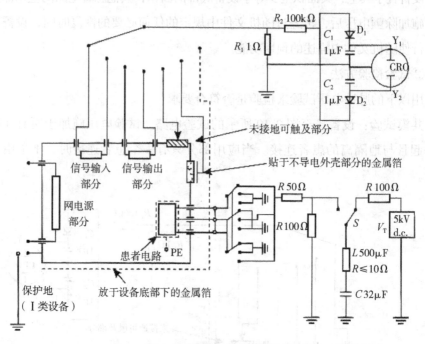

图 2-20　差模试验电路图

实验中，首先操作图中的开关S，然后测量Y_1点和Y_2点之间的峰值电压，不应超过1V。每一项试验依次在设备通电和不通电两种状态下进行，并且对每种状态下，将测试电压V_T反相后重复进行上述每项试验。经过随机文件规定的任何必要的恢复时间后，设备应能继续行使随机文件中描述的预期功能。

③试验注意事项

Ⅰ类设备的保护接地导线接地。没有供电网也能运行的Ⅰ类设备，如具有内部电池，在断开保护接地连接后再试验一次。

应用部分的表面由绝缘材料构成时，表面用金属箔覆盖，或浸于盐溶液中。

断开任何与功能接地端子的连接；当一个部分因功能目的被内部接地时，这类连接应被看作保护接地连接并应符合通用要求，或者应予以断开。

本试验方法中，在前面所述的隔离要求a提到的外壳、任何信号输入部分、任何信号输出部分、试验用金属箔、其他患者电路的应用部分中，未保护接地的部件接至示波器。

（2）除颤器电极与其他部分的隔离

①隔离要求

除颤器电极与其他部分的隔离应设计成当能量储存装置放电时，下列部分不出现危险的电能：外壳；属于其他患者电路的所有患者连接；所有信号输入部分和/或所有信号输出部分；设备放置其上且至少等于设备（Ⅱ类设备或带内部电源的设备）底部面积的金属箔。

②试验检验方法

除颤器按图 2-21 连接，放电后在 Y_1 和 Y_2 两点间的峰值电压不超过 1V，则符合上述要求。在能量放电期间会有瞬态信号干扰测量，这些瞬态信号在测量结果中应被排除。这个电压相当于从被测部分流出 $100\mu C$ 电荷。

测试时，应在装置的最大能量下进行测量。Ⅰ类设备受试时应接保护接地。可以不用供电网的Ⅰ类设备，如有内部电池，还应在无保护接地连接的情况下受试。所有接至功能接地端子的连接应拆除。

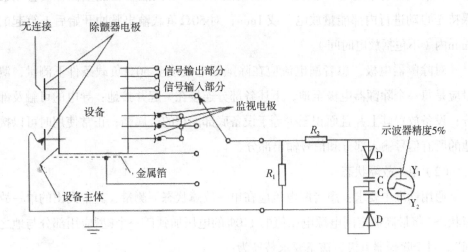

图 2-21 除颤器电极与其他部分隔离要求的试验图

当带电信号输出部分将影响 Y_1 和 Y_2 两点电压的测量，测量不涉及该信号输出端口，但应测量上述信号输出端口的参考地。当按图 2-21 连接测量电路至一个输入/输出端口将导致仪器功能完全失效，测量不涉及该输入/输出端口，但应测量上述输入/输出端口的参考地。

对放电回路的输出需要存在一定范围内阻抗的除颤器，试验时连接 50Ω 阻性负载。对需要检测到可电击心电才可释放电击的除颤器，可使用带 50Ω 阻性负载的心电模拟器。

应将接地连接换至另一个除颤器电极上重复这一试验。

（3）其他要求

所有非除颤器电极的应用部分应为防除颤应用部分，除非制造商能采取措施防止同一除颤器进行除颤的同时使用它们。对防除颤应用部分按照要求进行试验时，不应产生能量储存装置非预期充电。

2. 连续漏电流和患者辅助电流

（1）专用要求中增补要求

在测量患者漏电流或患者辅助电流时，除满足通用要求关于漏电流条件外，设备还应依次运行于以下状态，测量值不应超过标准中给定的容许值：待机状态；在能量储存装置正在被充电至最大能量时；最大能量在能量储存装置中被保持至自动进行内部能量放电，或 1min；对 50Ω 负载输出脉冲开始后 1s 算起的 1min 内（不包括放电时间）。

对除颤器电极，患者漏电流应在除颤器电极接至 50Ω 负载条件下测量，测量应是每一个除颤器电极至地，下述各部分连接在一起并接地：导电的可触及部分；设备放置其上并且面积至少等于设备底部面积的金属箔；正常使用时可以接地的所有信号输入部分和信号输出部分。

（2）单一故障状态

通用标准中要求：患者漏电流应在单一故障状态下测量，其中列出的单一故障状态"将最高额定网电源电压值的 110% 的电压加到任一个 F 型应用部分与地之间"。对于除颤器电极，该条要求替换为：

用最高额定网电源电压的 110% 的电压依次施加：地与连接在一起的体外除颤器电极之间和地与连接在一起的体内除颤器电极之间，并且将裹在电极手柄上并与手柄紧密接触的金属箔接至地并与导电的可触及部分、设备放置其上并且面积至少等于设备底部面积的金属箔、正常使用时可以接地的所有信号输入部分和信号输出部分这三部分连接。

（3）容许值

对除颤器CF型应用部分，网电源电压施加在除颤器电极之间的单一故障状态下患者漏电流容许值为 0.1 mA。

3. 电介质强度

对于除颤器高压回路（如除颤器电极、充电回路和开关装置）应对通用标准中的绝缘类别B-a增加通过施加外部直流试验进行如下 4 个试验，以及替换通用标准中的绝缘类别B-b、B-c、B-d和B-e的那些试验。

上述回路的绝缘应能承受一个直流试验电压，该电压是在任一正常操作模式下放电时间内出现在有关部分之间的最高峰值电压U的 1.5 倍。上述绝缘的绝缘阻抗应不低于 500MΩ。

应通过电介质强度和绝缘阻抗相结合的试验来检验是否符合要求。

（1）试验 1

启动放电回路的开关装置，在连在一起的每对除颤器电极和连在一起的所有下列部分之间：导电的可触及部分；Ⅰ类设备的保护接地端子，或放置在Ⅱ类设备或带内部电源的设备下的金属箔；与在正常使用时可能被握住的非导电部分紧密接触的金属箔；及所有隔离的放电控制回路和所有隔离的信号输入部分或信号输出部分。

试验时，如果充电回路是浮动的并在放电时是与除颤器电极隔离的，试验期间应将其与除颤器电极连接起来。应用虚拟部件替换除颤器和其他患者电路之间形成隔离的所有电阻。在本试验时，所有其他患者连接，它们的电缆和附属连接器应与设备断开。用来与其他患者回路隔离的除颤器高压回路的所有开关装置，除了那些在正常使用时通过它们各自电缆和患者连接的连接而启动的之外，都应处于开路位置。所有在试验时跨接在被测绝缘的电阻（如测量回路的器件），如果试验配置中它们的实际值不低于 5MΩ，在试验中用虚拟部件替换。

（2）试验 2

在下列条件下依次对体外电极和体内电极进行每一对除颤器电极之间的试

验：能量储存装置被断开；放电回路开关装置受激励；用来隔离除颤器高压回路与其他患者电路的所有开关装置处于开路位置和在本试验中会在除颤器电极之间提供导电旁路的所有器件被断开。

较新的除颤器电路拓扑结构，会造成执行上述试验 1 和试验 2 的困难。器件额定值不是 1.5U 或已知在低于 1.5U 时失效，如果通过了下述试验，器件是可接受的。通过电路分析确定最高峰值电压 U，分析时不考虑电路器件误差。被测器件击穿电压的分布，由供应商提供，或通过足够样品量的击穿试验确定（器件在电压 U 下以 90% 置信度）其失效概率低于 0.0001。

另外，制造商应通过故障模式影响分析（见 IEC 60300-3-9）认证所实现的电路布局，在单一故障状态和确保操作者已经知道这样的故障状态下，不会引起安全方面危险。

（3）试验 3

在放电回路和充电回路的每一个开关装置的两端。

对连续的操作当作单一功能集时，其预期进行测试的放电回路开关，应进行下列试验：

①在与能量储存装置极性一致的每个功能集两端施加试验电压，并核实对本篇每一规定直流承受能力。

②断开能量储存装置，并接入上述每一项结果的试验电压源装置，其极性与能量储存装置一致。

通过短路功能集，依次模拟各系列功能开关组合级联失效。在模拟级联失效状态下，证明不会发生对患者连接的能量放电。

（4）试验 4

当放电回路的开关装置受激励时，在网电源部分和连接在一起的除颤器电极之间。

如果网电源部分与包含除颤器电极的应用部分之间，通过保护接地的屏蔽或保护接地的中间回路能有效地隔离，则本试验可以不进行。

当隔离的有效性有疑问时（如保护屏蔽不完善），应断开屏蔽并进行电介质强度试验。

试验电压初始时设置为 U，并测量电流值。在不小于 10s 时间内将电压升至

1.5U，然后保持此电压1min，试验过程中应无击穿或闪烁现象发生。电流应正比于所施加的试验电压，偏差在±20%之内。由于试验电压增加的非线性引起的任何电流的瞬态增大应忽略。绝缘阻抗应按最大电压和稳态电流计算。

在进行通用标准中针对绝缘类别B-a的规定试验时，在充电回路或放电回路中的所有开关装置两端出现的那部分试验电压，应限制为不超出等于上述规定的直流试验电压的一个峰值电压。

（二）主要性能指标及测试

1. 最大储能值

高压充电电容的最大充电能量即最大储能值是衡量除颤器性能的一项主要指标，它取决于电容本身的电容值及整个充放电回路的耐压。单位用焦耳表示。运算公式为：

$$W = CU_2/2$$

式中，W为电容储能值；C为电容容量；U为电容两端的充电电压。由上式可知，电容C确定后，W就由U确定。

除颤器的最大储能值一般为250~360J。通过大量动物实验和临床实践证明，电击的安全剂量在300J左右。除颤器预置能量应不超过360J，对内部除颤器电极，预置能量应不超过50J。

2. 最大释放电压

除颤器以最大储能值向一定负荷释放能量时，在负荷上的最高电压值即最大释放电压。这也是一个安全性能指标，以防止患者在电击时承受过高的电压。在100Ω负载电阻两端，除颤器输出电压应不超过5kV。

3. 最大充电时间

对于一个完全放电的电容充电到最大储能值时，所需要的时间即最大充电时间。充电时间越少，就能缩短抢救和治疗的准备时间。由于受除颤器电源内阻的限制，不可能无限度地缩短充电时间。

实际检测时，除颤器充电时间从对完全放电的能量储存装置充电至最大能量的时间和从接通电源开关开始，或从操作者进入设定方式开始，到最大能量充电完成的时间两方面检测。

（1）对频繁使用的手动除颤器的要求

用已经 15 次最大能量放电消耗过的电池试验。从完全放电的能量储存装置充电至最大能量时间，应不大于 15s；从接通电源开关开始，或从操作者进入设定方式开始，到最大能量充电完成的时间不应超过 25s。

（2）对非频繁使用的手动除颤器的要求

对完全放电的能量储存装置充电至最大能量的时间，最大能量放电消耗过 6 次的电池不超过 20s，最大能量放电消耗过 15 次的不超过 25s；从接通电源开关开始，或从操作者开始设定模式，到最大能量充电完成的时间，用已经过 6 次最大能量放电消耗过的电池，不超过 30s，15 次最大能量放电消耗过的电池，不超过 35s。

（3）对频繁使用的自动体外除颤器的要求

用已经 15 次最大能量放电消耗过的电池试验。从心律识别检测器启动到除颤器最大能量准备放电的最大时间，不超过 30s；从接通电源开关开始，或从操作者开始设定模式，到除颤器最大能量完成的时间应不超过 40s。

（4）对非频繁使用的自动体外除颤器的要求

从心律识别检测器启动到最大能量准备放电的最大时间，最大能量放电消耗过 6 次的电池不超过 35s，最大能量放电消耗过 15 次的不超过 40s；对从接通电源开关开始，或从操作者开始设定模式，到最大能量充电完成的时间，6 次最大能量放电消耗过的电池，不超过 45s，15 次最大能量放电消耗过的电池，不超过 50s。

由制造商规定的模拟患者的可电击心律信号，接入分开的监视电极之间或除颤器电极之间。除颤器随后应给出视觉和听觉提示。通过声音或充电完成指示灯确认被测仪器储能装置处于完全放电状态。使除颤器运行在 90% 额定网电源电压，将能量选择开关置于最大能量点，按下充电按钮，与此同时开始计时；当被校仪器指示充电完成后，停止计时。读取充电时间值。

4. 释放电能量

除颤器实际向病人释放电能的大小即释放电能量，表示除颤器输出的实际能量。除颤器在释放电能时，电容器的电阻、电极、皮肤接触电阻、电极接插件的接触电阻等，都要消耗一定的电能，所以对不同的患者（相当于不同的释放负荷），同样的除颤器储存电能就有可能释放出不同的电能量。通常以负荷 50Ω 作为等效患者的电阻值。

应规定对 25Ω、50Ω、75Ω、100Ω、125Ω、150Ω 和 175Ω 负载的额定释放能量（按照设备设置）。对这些负载电阻，在所有能级上，所测量的释放能量与那个负载下的额定的释放能量值的偏差应不超过 ±3J 或 ±15%（取两者的较大值）。

通过测量在上述的能级上对 25Ω、50Ω、75Ω、100Ω、125Ω、150Ω 和 175Ω 负载电阻的释放能量，或先测量除颤器输出回路的内部电阻，然后计算出释放能量，来检验是否符合要求。

首先将除颤器测试装置和被校仪器分别通电，被测除颤器的除颤电极放置于除颤器测试装置的放电电极上，按仪器说明书要求预热。将被校仪器能量选择开关置选定的能量测试点，按下充电按钮充电，充电完成后，立即对除颤器测试装置放电，读取释放能量值。释放能量误差按下面公式计算。

$$\delta_E = E_0 - E$$

$$\delta_{Er} = \frac{E_0 - E}{E} \times 100\%$$

式中，δ_E 为释放能量绝对误差，J；δ_{Er} 为释放能量相对误差，%；E_0 为被校仪器所设定的释放能量值，J；E 为释放能量测量值，J。

改变被校仪器的能量选择开关至其他能量测试点进行数据测试。测量应不少于 6 个能量点，并且其中应包括最大能量点和最小能量点。

5. 能量损失率

除颤器高压充电电容充电到预选能量值之后，在没有立即放电的情况下，随着时间的推移，会有一部分电流泄漏，造成能量的损失，这就是能量损失率。在充电完成后 30s 或者任何自动的内部放电开始之前（二者取较短者），除颤器应能释放一个不小于其初始释放能量 85% 的脉冲。

用除颤器测试装置测定被检仪器充电完成后的即刻放电能量值与保持一段时间后的释放能量值，检测被检仪器的能量损失率。

测试时，被校仪器能量选择置于最大能量点，按下充电按钮充电，充电完成后，立即对除颤器测试装置放电，测量释放能量值E_1；被校仪器能量选择置于最大能量点，间隔1min后再次充电。在充电完成30s或内部自动放电开始之前（两者选较短者），对除颤器测试装置放电，测量此时的释放能量值E_L；能量损失率η按照下式计算：

$$\eta = \frac{E_L}{E_1} \times 100\%$$

式中E_L为充电完成后持续规定时间内释放能量值，J；E_1为初始释放能量值，J。

6. 内部放电

除颤器应提供一个内部放电回路，使储存能量因某种原因不能通过除颤器电极释放时，通过它被消耗掉。当被检仪器电源被切断时，无论放电控制装置处于何种状态，除颤电极上应无能量输出，且已储存的能量应在60s内耗散于仪器内部。在不进行有意放电和不切断电源的情况下，被校仪器储存的能量应在120s内耗散于仪器内部。

被检仪器能量选择置某一能量点。充电完成后，通过在不同情况下对除颤器测试装置放电，校准其内部放电性能。

（1）被校仪器能量选择置100J充电。充电完成后，立即关闭工作电源开关，并对除颤器测试装置放电，测试装置应指示此时无能量释放。

（2）被校仪器能量选择置100J充电。充电完成后，立即切断电源。等待60s后，再次通电开机并对除颤器测试装置放电，测试装置应指示此时无能量释放。

（3）被校仪器能量选择置100J充电。充电结束120s后，对除颤器测试装置放电，测试装置应指示此时无能量释放。

7. 同步模式

有同步装置的设备，应满足下列要求：

（1）当除颤器处于同步模式时，应通过视觉和（非强制性的）听觉信号提供明确的提示。

（2）在放电控制装置启动下，应只有当同步脉冲出现时才发生除颤脉冲。

（3）从QRS波顶点或外部触发脉冲的上升沿到除颤器输出波形的顶点的最大时间延迟应为：60ms，当心电信号来自应用部分或除颤器的信号输入部分；或25ms，当同步触发信号（不是心电信号）来自信号输入部分。

（4）除颤器开机时或从其他模式选择到除颤模式时，不应默认为同步模式。

除颤器的应用部分分为BF型应用部分和CF型应用部分。与独立的心电图机连接的除颤监护仪，监护电极也应有防颤标记。对于具有监护功能的除颤监护仪，当除颤监护仪处于同步模式时，应有清楚的指示灯或音响信号指示，监护仪心电监护波形应有同步触发标志。

在同步模式下除颤时，除颤脉冲应只在出现同步脉冲时才能出现，且延迟时间应不大于30ms。对于除颤器和监护仪分体的仪器，延迟时间应不大于60ms。

除颤监护仪置同步模式，由除颤器测试装置输出标准心电信号至除颤监护仪，通过测量除颤监护仪放电脉冲延迟时间来校准除颤监护仪的同步性能。

（1）按图2-22连接校准设备。

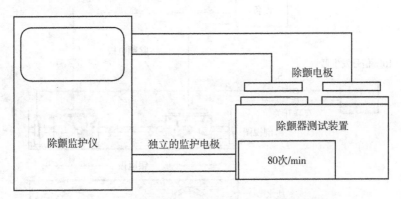

图2-22　同步模式功能及延迟时间测试连接示意图

（2）除颤器测试装置输出80次/min的模拟心电信号或标准心率信号至被校仪器。开启被校仪器同步模式，被校仪器应有清楚的同步指示灯或音响信号指示，所显示波形上应有同步触发标志。

（3）将除颤器测试装置置于延迟时间测试模式。被校仪器能量选择置于100J充电，充电完成后对除颤器测试装置放电，读取能量释放延迟时间。

8. 除颤后监视器/心电输入的恢复

（1）来自除颤器电极的心电信号

当除颤器按下述情况测试时，在除颤脉冲之后最长 10s 的时间以后，在监视器显示屏（如果适用）上应见到测试信号，并且信号显示的峰-谷幅度值偏离原幅度应不大 50%。

除上述要求外，如果存在心律识别检测器，它应在除颤脉冲 20s 后能够检测到可电击心律。这种情况下，输入到除颤器电极的信号应为除颤器可识别的可电击信号。

测试接线如图 2-23 所示，自黏性电极粘在金属板上。如果需要,可在电极表面上涂制造商提供的导电膏，施加适当的力将电极表面压在金属板上。

通过使用者可选择的灵敏度控制器，设置监视器的灵敏度为 10mm/mV。对可影响监视器频率响应的控制器，将其设置到最宽频率响应。

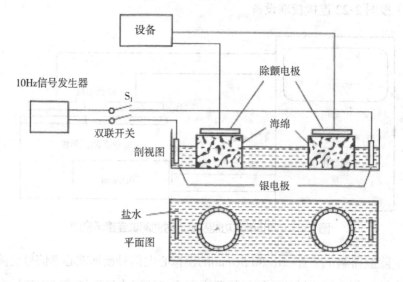

图 2-23　除颤后恢复实验装置

当 S_1 接通，信号发生器输出调节到提供一个在监视器显示屏（如果适用）上峰-谷值为 10mm 的显示信号。对具有心律识别检测器的除颤器，输入的可电击心律信号幅度应调节到使得除颤器能够检测可电击心律。

当 S_1 断开，释放最大能量脉冲至试验装置。立即接通 S_1 并观察监视器显示屏。上述规定的 10s 时间是从 S_1 接通开始计时的。另外，（如果相关）心电心律识别检测器应在S_1接通后20s之内检测到可电击心律。

（2）来自任一分开的监视电极的心电信号

当除颤器按下述情况测试时，在除颤脉冲之后最长10s的时间以后，在监视器显示屏（如果适用）上应见到测试信号，并且信号显示的峰-谷幅度值偏离原幅度应不大50%。

使用制造商所规定的电极，将分开的监视电极粘在金属板上，试验方法同上条"来自除颤器电极的心电信号"中所述。

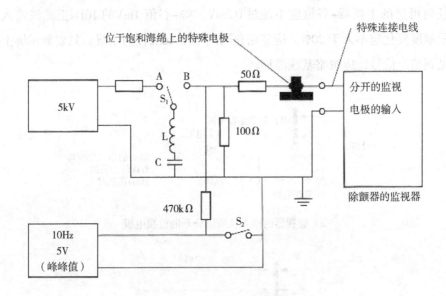

图2-24　除颤后恢复实验装置

（3）来自非重复使用的除颤器电极的心电信号

当除颤器按照下面描述的进行测试时，在除颤脉冲之后最长10s的时间以后，在监视器显示屏上应见到心电信号，并且信号显示的峰-峰幅度值偏离原幅度应不大于50%。对不具有监视器但其心律识别检测器使用心电输入信号的除颤器，在除颤脉冲之后的20s内，心电心律识别检测器应能正确地识别该心电信号。

应通过以下描述的试验检查符合性。

将一对制造商推荐类型的非重复使用除颤器电极背对背（导电表面面对导电表面）连接。电极与带有心电模拟器的能量计/除颤器测试仪以串联方式连接到除颤器。心电模拟器输出设置为心室纤维性颤动。设备以最大能量输出释放 10 个能量脉冲，或按照设备所具备的固定能量治疗方案。以设备能达到的最高速率释放能量脉冲。

9. 充电或内部放电时对监视器的干扰

本条款对不具备监视器的除颤器不适用。

在能量储存装置充电或内部放电期间，监视器显示灵敏度设置为10mm/mV、±20%，当监视器输入从如图 2-25 所示的情况获得时，应满足：在监视器上显示的任何可见的干扰峰–谷值应不超过 0.2mV，峰–谷值 1mV 的 10Hz 正弦波输入的显示幅度变化应不大于 20%。应忽略总时间小于 1s 的任何干扰。只要显示屏上仍可见到整个信号，应忽略基线漂移。

（a）监视器的输入从所以分开的监视电极

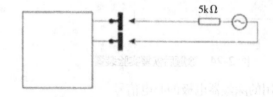

（b）监视器的输入从除颤器电极，且所有分开的监视电极被断开

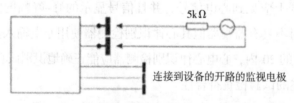

（c）监视器的输入从除颤器电极，所有分开的监视电极接至设备

图 2-25　充电或内部放电时对监视器的干扰试验

10. 持久性

设备应能够在本标准规定的超温试验后满足下列持久性试验：

（1）除颤器对 50Ω 负载放电的持久性

频繁使用的除颤器应能对 50Ω 负载按最大能量或按设定的能量治疗方案，充电和放电 2500 次。预期非频繁使用的除颤器应能对 50Ω 负载按最大能量或按设定的能量协议，充电和放电 100 次。在本试验中，允许对设备和负载施加强制性冷却。加速试验过程时应不产生超过 GB 9706.8 标准第 42 章试验所得到的温度。本试验中，内部电源设备可使用外部电源供电。

（2）短路放电的持久性

把除颤器两电极短路，对除颤器按最大能量或按内部治疗方案，充电和放电 10 次。连续放电的间隔应不超过 3min。当短路放电不可能时，本试验不适用。

（3）开路放电的持久性

把除颤器电极开路，其中一个电极与导电的外壳相连接并接地，除颤器按最大能量充电和放电 5 次。接着，换成另一个电极与该外壳相连接并接地，重复本试验。如果外壳不导电，各电极依次接至接地的金属物，金属物上按正常使用方式放置设备。该接地的金属物面积应至少等于设备底部面积。连续放电的间隔应不超过 3min。当开路放电不可能时，本试验不适用。

（4）对内部放电回路放电的持久性

对频繁使用的除颤器，每一内部放电回路按最大储存能量试验 500 次。对非频繁使用的除颤器的内部放电回路按最大储存能量试验 20 次。在本试验中，允许对设备和负载进行强制性冷却。加速试验过程时应不产生超过 GB 9706.8 标准第 42 章试验所得到的温度。本试验中，内部电源设备可使用外部电源供电。在这些试验完成后，设备应符合 GB 9706.8 标准中所有其他要求。

11. 除颤器电极及其电缆

（1）除颤电极

①除颤器电极手柄的要求

所有除颤器电极手柄应没有导电的可触及部分。这一要求不适用于小金属件，例如在绝缘材料内或穿过绝缘材料的螺钉，这些小金属件在单一故障状态下不会带电。

②除颤器电极电缆和电缆固定装置的要求

除颤器电极电缆和电缆的固定装置应可以顺利通过下述的试验。

此外，可重复使用的除颤器电极的固定装置应满足通用标准对电源软电线的要求。对一次性使用电缆或电缆/电极组合，在试验 2 中摆动弯曲次数应除以100。针对除颤器电极，至设备/除颤器电极的每一电缆和至设备/除颤器电极连接器的每一电缆，当相关时，应依次进行试验，除非两个或更多连接器有相同的结构（此情况下，应仅对其一个连接器进行试验）。当一个连接器配接两个或更多的电缆时，这些电缆应一同进行试验，在连接器上的张力是各适于每一电缆的张力的总和。

应通过下列检查和试验来检验是否符合要求：

试验 1：

对可重新接线电缆，把导线伸入除颤器电极的接线端子，把端子螺钉旋紧到刚能防止导线轻易移动。按正常方式紧固电缆固定装置。对所有电缆，为测量纵向位移，在电缆上距离电缆固定装置约 2mm 处做上记号。

然后立即使电缆承受 30N 的拉力，或使连接器脱开前的所能施加的（或使电极拉离患者，如适用）最大力，至少持续 1min。在这一试验末尾，电缆纵向位移应不大于 2mm。对可重新接线电缆，导线在接头处移动应不大于 1mm，并且当拉力仍然施加时，导线不应有可察觉的变形。对非可重新接线电缆，导线应不超过总股数 10% 的线股断裂。

试验 2：

将一个除颤器电极固定在如图 2-26 所示的装置上，固定时应使该装置的摆动杆在其行程当中时，从电极或电极手柄处引出的电缆轴线垂直并且通过摆动轴线。按下列方法对电缆施加张力。

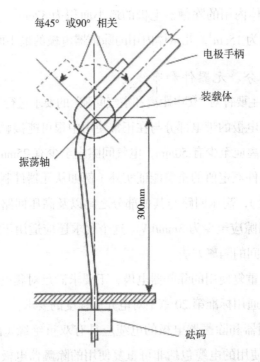

图 2-26　除颤器电极电缆和电缆的固定装置的试验示意

对可延伸的电缆，施加张力等于使电缆伸展至其自然（未伸展）长度的 3 倍所需的张力，或相当于一个除颤器电极重量的张力，取较大的值，在离摆动轴 300mm 处将电缆固定。

对非可延伸的电缆，电缆穿过一离摆动轴 300mm 的小孔，在小孔下方的电缆上固定一个重量等于除颤器电极的重物，或 5N，取较大的值。

如对于体内电极测试时，摆动杆摆动的角度为 180°（垂线两侧各 90°）；如对于体外电极的测试时，摆动杆摆动的角度为 90°（垂线两侧各 45°）。摆动总次数应是 10000 次，以每分钟 30 次的速度进行。摆动 5000 次后，除颤器电极绕电缆进线处中心线转动 90°，余下的 5000 次在同一平面上完成。

本试验后，除了允许有不超过导线总股数 10% 的线股断裂外，电缆不应松动，并且电缆固定装置或电缆都不应有任何损坏。

要求 3：除颤器电极最小面积的要求：

除颤器电极的每个电极的最小面积应是：成人体外用的除颤器电极的最小面

积为 50cm²，成人体内用的除颤器电极的最小面积为 32cm²，儿童体外用的除颤器电极的最小面积为 15cm²，儿童体内用的除颤器电极的最小面积为 9cm²。

2. 网电源部分、元器件和布线

这部分要求，主要针对"爬电距离和空气间隙"的要求进行了增补。内容如下：

（1）在除颤器电极的带电部分与在正常使用中很可能接触的手柄和开关或控制器之间，爬电距离应至少有 50mm，电气间隙应至少有 25mm。

（2）除了元器件额定值的裕量能证实外（例如从元器件制造商的额定值或通过电介质强度试验），高压回路与其他部分之间以及高压回路各部分之间绝缘的爬电距离和电气间隙应至少为 3mm/kV。这个要求还应适用于除颤器的高压电路与其他患者电路之间的隔离方法。

（3）对于非可重复使用的除颤器电极，不要求满足对爬电距离和电气间隙的要求，不要求满足通用标准第 20 章中对电介质强度的要求。

（4）连接除颤器和除颤器电极的电缆应具有双重绝缘（两层分别铸造的绝缘）。对非可重复使用的电缆包括非可重复使用的除颤器电极，当非可重复使用的电缆长度小于 2m，不要求双重绝缘。电缆的绝缘阻抗应不小于 500MΩ。电缆的电介质强度应按下面描述的，在所有正常操作模式下除颤器电极之间的最高电压的 1.5 倍电压值进行试验：用导电金属箔包裹电缆外部 100mm长度；在高电压导线和外部导电包裹层之间施加试验电压；将电压在不小于 10s 的时间内升至最高电压的 1.5 倍电压值，保持稳定持续 1min，不应产生击穿或闪烁；测量高电压导体与包裹层之间的漏电流，证实绝缘阻抗超过 500MΩ。

第三章 监测诊断类器械检测技术

第一节 心电图机检测技术

一、概　述

心脏是人体血液循环的动力。正是由于心脏不断地进行有节奏的收缩和舒张活动，才能使血液在封闭的循环系统中不停地流动，以维持生命。心脏在搏动前后，心肌发生激动。在激动过程中，会产生微弱的生物电流。这样，心脏的每一个心动周期均伴随着生物电变化。这种生物电的变化可以传到身体表面的各个部位。由于身体各部分组织不同，距心脏的距离也不同，心电信号在身体不同的部位所表现出的电位也不同。对正常心脏来说，这种生物电变化的方向、频率、强度是有规律的。若通过电极将体表不同部位的电信号检测出来，再用放大器加以放大，并用记录器描记下来，就可得到心电图波形。医生根据所记录的心电图波形的形态、波幅大小以及各波之间的相对应时间关系，再与正常心电图相比较，就能诊断出心脏疾病，诸如心电节律不齐、心肌梗死、期前收缩、高血压、心脏异位搏动等。

心电图机是从人体体表获取心肌激动电信号波形的诊断仪器，它是一种生物电位的放大器，其基本作用是把微弱的心电信号进行电压放大和功率放大，并进行处理、记录和显示。由于心电图机具有诊断技术成熟、可靠、操作简便、价格适中、对病人无损伤等优点，已成为各级医院中最普及的医用电子诊断仪器之一。

早在19世纪，人们就发现了肌肉收缩会产生生物电的现象，当时由于受技术水平的限制，无法定量地将其记录下来。1903年威廉·爱因霍文应用弦线电流计，第一次将体表心电图记录在感光片上，1906年首次在临床上用于抢救心脏病人，成为世界上第一个从病人身上记录下来的信号，当时轰动了的医学界，从此人们将这台重约 300 kg，需要五个人远距离共同操作的仪器称为心电图机。1924年威廉·爱因霍文被授予诺贝尔力学奖和诺贝尔医学奖。

经过多年的发展，心电图机已经从手工操作的单道心电图机发展到现在的多道自动心电图机。由于心电图已应用于各个层次的医疗机构的临床和科研中，特别广泛用于临床中的各个疾病的诊断。心电图机的非创伤性和多功能化的特点，使心电图不仅仅局限于心脏疾患的范围，而且可用于临床电解质监测和非心脏疾病的鉴别诊断等。随着人们生活节奏的加快和生活方式的改变，心血管疾病的发病率不断上升，心电图将在今后相当长的时间内突显其重要性。

心电图机的记录方式由先进的高分辨率热点阵式输出系统代替了传统的热笔式。热点阵记录头是利用先进的元件技术，在陶瓷基体上高密度集成了大量发热元件及控制电路所制成的一种高科技部件。由于心电图机频率响应的提高，记录的心电波形不再失真，解决了心电信号放大失真和描记受诸多外界因素影响等问题，从而提高了诊断准确率。

由于心电图机采用数字技术及通信接口，运用先进的高精度数字信号处理技术，心电图机可以作为一种信息系统的终端，进行原始心电信号的采集与处理，并与中心处理系统联网通信，使心电信号处理的速度及能力明显提高，同时可以充分利用所采集到的信息进行集中处理和管理，提高了工作效率。随着科学技术的不断发展，心电图机的功能不断增加，正朝着多通道、数字智能型和网络共享型方向发展。

二、心电图机的检测

（一）心电图机安全要求

1.概述

（1）术语和定义

心电图机（electrocardiograph，ecg）：提供可供诊断用的心电图的医用电气设备及其电极。

导联（lead）：用于某一心电图记录的电极连接。

导联选择器（lead selector）用于选择某种导联和定标的系统。

患者电缆（patient cable）由多芯电缆及其一个或多个连接器组成，用于连接电极与心电图机。

灵敏度（sensitivity）记录幅度与产生这一记录的信号幅度之比，用 mm/mV表示。

定标电压（standardization voltage）为校准幅度而记录下的电压值。

耐极化电压（polarizing voltoge）加入放大器的一种直流电压，用于检验放大器输入动态范围的能力。

（2）试验顺序

本标准中"对心脏除颤器放电效应的防护"和"对除颤效应的防护和除颤后的复原"中规定的试验必须在通用标准要求的漏电流和电介质强度试验之前进行。

（3）识别、标记和文件

专用标准在"设备和设备的外部标记"和"使用说明书"中对通用标准的内容进行了如下补充。

①设备和设备的外部标记

具有防除颤效应的心电图机及其部件必须标记防除颤应用部分标识，以指示对心脏除颤器放电效应的防护。

②使用说明书

a. 心电图机使用说明书除通用标准中规定的内容以外，还必须给出下列内容：

b. 可靠工作所必需的程序；对于B型心电图机，应提醒注意由于电气安装不合适而造成的危险；

c. 设备可以与之可靠连接的电气安装类型，包括与电位均衡导线的连接；

d. BF型和CF型心电图机的电极及其连接器（包括中性电极）的导体部件，不应接触其他导体部件，包括不与大地接触；

e. 为确保对心脏除颤器放电和高频灼伤的防护而需要使用的患者电缆的规格；

f. 如果与高频手术设备一起使用的心电图机具有防止灼伤的保护装置，必须提醒操作者注意；如果没有这种保护装置，必须给出心电图机电极放置位置的意见，以减少因高频手术设备中性电极连接不良而造成灼伤的危险；

　　g. 电极的选择和应用；

　　h. 心电图机可否直接应用于心脏；

　　i. 多台设备互联时引起漏电流累积而可能造成的危险；

　　j. 由于心脏起搏器或其他电刺激器工作而造成的危险；

　　k. 定期校验心电图机和患者电缆的说明；

　　l. 对患者使用除颤器时应采取的预防措施；

　　m. 心电图机非正常工作的指示装置。

　　2. 对电击危险的防护

　　心电图机电安全性能必须保证患者和医务人员的安全，外壳漏电流、患者漏电流、患者辅助漏电流、接地漏电流和保护接地导线的阻抗必须符合GB 9706.1的要求，以下着重介绍专用标准中补充和修改的内容。

　　（1）对心脏除颤器放电效应的防护

　　电极与下列部分间的绝缘结构必须设计成。在除颤器向连接电极的患者放电时，下列部分不出现危险的电能：

　　①设备机身；

　　②信号输入部分；

　　③信号输出部分；

　　④置于设备（Ⅰ类、Ⅱ类设备或带内部电源的设备）之下的，与设备底面积至少相等的金属箔。

　　试验连接如图3-1所示，在切换操作S_1后，Y_1和Y_2之间的峰值电压不超过1V时，即符合上述要求。设备不能通电。

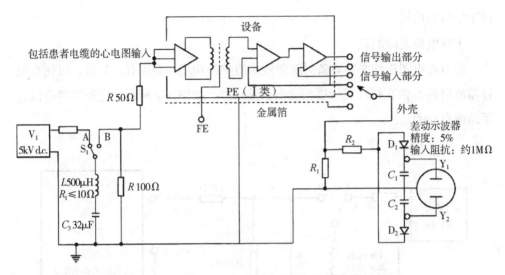

图3-1　对来自各不同部件的电能进行限制的动态试验

R_1: $1k\Omega \pm 2\%$不小于2kV；R_2: $100k\Omega \pm 2\%$不小于2kV；C_1: $1\mu F \pm 5\%$；C_2: $1\mu F \pm 5\%$；D_1，D_2：小信号硅二极管。

Ⅰ类设备与保护接地连接后进行试验。不使用电源也能工作的Ⅰ类设备，例如具有内部电池供电的Ⅰ类设备，还必须在不接保护接地时进行试验，必须去除所有功能接地。改变V1极性，重复试验。

（2）连续漏电流和患者辅助电流

在专用标准中，补充了如下要求：对于具有功能接地端子的心电图机，在其功能接地端子与地之间加上相当于最高额定网电压110%的电压时，从应用部分到地的患者漏电流必须不大于如下数值：对于B、BF型应用部分，患者漏电流容许值为5 mA；对于CF型应用部分，患者漏电流容许值为0.05 mA。如果功能接地端子与保护接地端子在设备内部直接连接，不必进行这项试验。

（3）电介质强度

在专用标准中，修改的内容如下：B-b不适用于心电图机；B-d心电图机的试验电压为1500V（Ⅰ类、Ⅱ类设备和带内部电源的设备）。

3. 危险输出的防止

（1）对除颤效应的防护和除颤后的复原

能和除颤器同时使用的心电图机在除颤脉冲之后5s内记录到不小于80%正常

幅度的试验信号。

①在电极之间加载

所有心电图机均必须具备对除颤效应防护的功能。必须有一装置，以便在电容器放电后5s内在标准灵敏度档读出试验信号，如图3-2所示。这种装置可以是手动或自动的。

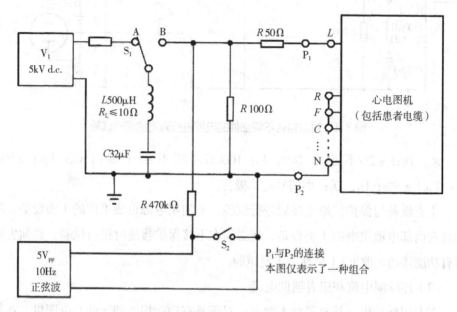

图3-2 对除颤效应的防护试验一

验是否符合要求：

将电极依次与P_1和P_2相连，把工作正常的心电图机按图3-2所示接线。电容器充电至电源电压，S_2闭合，将S_1至于B位，并保持200ms±50%，然后与B位断开。为消除心电图机上的残余电压并使心电图机恢复至初始状态，需将电容器断开。待S_1回复到A位后立即开启S_2，必须能在S_1回复到A位后的5s内记录到不小于80%正常幅度的试验信号。改变电源电压极性后重复上述试验。

试验时条件如表3-1所示。

表3-1 对除颤效应的防护的试验条件

	P1	P2	导联选择器的适当位置
五芯电极电缆	L R F C N	R、N、F、C L、N、F、C L、R、N、C L、R、F L、R、F、C	I II III V 定标（如果具有）
十芯电极电缆	L R F C₁、C₂、C₃ C₄、C₅、C₆ N	所有其他的 a 所有其他的 a 所有其他的 a 所有其他的 a 所有其他的 a L、R、F、C₁、C₂ C₃、C₄、C₅、C₆	I II III V_1、V_2、V_3 V_4、V_5、V_6 定标（如果具有）
向量导联电缆	E、C M、H F I A N	所有其他的 a 所有其他的 a 所有其他的 a 所有其他的 a 所有其他的 a 所有其他的 a	V_X、V_Z V_Y、V_Z V_Y V_X V_X V_X、V_Y、V_Z
a 所有其他电极，包括中性电极			

②在电极与地或外壳之间加载

具体要求包括：若是I类心电图机，试验电压必须加在包括中性电极在内的所有连接在一起的电极和保护接地端子之间。对于没有网电源供电也能工作的I类设备，如由内部电源供电的I类设备，还必须在不接保护接地时进行试验。所有功能接地必须去除。对于II类和带内部电源的心电图机，试验电压必须加在包括中性电极在内的所有连接在一起的电极和功能接地端子和/或与机壳紧密接触的金属箔之间。对于带内部电源、且该内部电源可用网电源再充电的心电图机，如果接上网电源能够工作，则必须在接上和断开网电源的情况下对该心电图机进行试验。

是否符合要求，可通过下述试验进行验证：

将心电图机调节至标准灵敏度并按图 3-3 连接。S_2 闭合，电容器充电至源电压，将 S_1 置 B 位并保持 200ms ± 50%，然后与 B 位断开，5s 内记录到不小于 80% 正常幅度的试验信号。改变源电压极性后重复上述试验。对除颤效应的防护和除颤后的复原试验后，心电图机必须符合心电图机安全标准的所有要求。

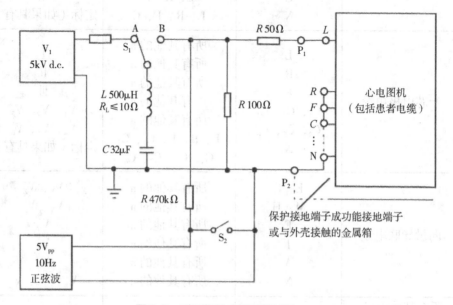

图 3-3　对除颤效应的防护试验二

（2）除颤后心电图机电极极化的恢复时间

具体要求包括：

当心电图机使用制造厂规定的电极（包括中性电极）工作时，在除颤器放电后，必须在 10s 内显示心电图并予以保持。完成这一功能的装置可以是手动的，也可以是自动的。

试验方法：

用患者电缆将一对电极与心电图机连接。将电极置于吸足标准生理盐水的海绵体的两侧或同一侧，如图 3-4 所示。用充满标准生理盐水 9g/L 氯化钠溶液的容器维持海绵体的饱和度。电极可用绝缘夹子定位，电极间绝对避免直接接触。将心电图机调至标准灵敏度和最大通带，按图 3-5 所示将心电图机接入试验电路，导联选择器置于能显示试验信号的位置。改变试验电压极性，重复上述试验。

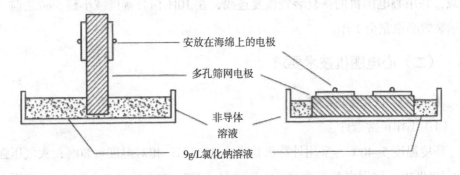

安放在海绵上的电极

多孔筛网电极

非导体溶液

9g/L氯化钠溶液

图 3-4　ECG 电极在海绵上的位置

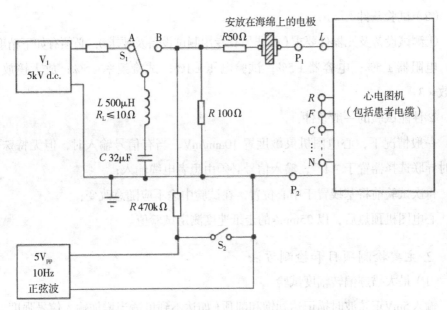

图 3-5　对心脏除颤器放电作用后恢复时间的试验

（3）心电图机非正常工作的指示

要求：

心电图机必须能指示出心电图机因过载或放大器任何部分饱和而非正常工作的状态。

试验方法：

可在标准灵敏度下对电极施加一个叠加在-5V~+5V直流电压上的10Hz、1mV信号来进行验证。直流电压必须从0开始，从0到5V逐级递增和从0到-5V逐级递减，并用心电图机的恢复装置恢复迹线，在10Hz信号幅度减小到5mm之前，指示装置必须完全工作。

（二）心电图机技术要求

1. 心电图机检测要求

（1）工作正常条件

环境温度5~40℃，采用计算机技术为5~35℃；相对湿度≤80%；大气压强860~1060hPa；使用电源若为交流，应满足（220±22）V、（50±1）Hz；使用电源若为直流，应满足在直流供电条件下，能使心电图机连续正常工作0.5h以上。

（2）试验条件

①测试设备及元器件要求（除非另有专用测试设备及要求），必须有如下精度：电阻器±5%；电容器±5%；试验电压±1%；试验频率±5%；放大镜放大倍数×3。

②性能试验的一般条件：

一般情况下，心电图机灵敏度置10mm/mV，当有信号输入时，但无特殊规定时导联选择器置于"Ⅰ"，输入信号必须由患者电缆输入；

每次试验前将基线置于中心位置，在试验中途不应随意改变；

心电图机预热后，以25mm/s的走纸速度测定试验值。

2. 主要检测项目和检测方法

（1）最大描迹偏转幅度试验

输入5mV正弦波时描记达到饱和削顶（如达不到可适当增加输入信号强度），检验其描记峰峰值是否符合最大描迹偏转幅度单道≥40mm、多道每道≥25mm（包括波形交越部分）的规定。

（2）外接输出试验

①灵敏度：示波器与心电图机输出插口相连，在标准灵敏度时，1mV定标电压的输出值为U，检验其是否符合1V/mV误差范围±5%或0.5V/mV误差范围±5%的规定。

②输出阻抗：在"灵敏度"试验方法的基础上，用900Ω（510Ω与390Ω串接组成）电阻并联于示波器输入端，此时示波器上指示的1mV外定标的输出值为U_L，按下式计算出输出阻抗Z_{out}，检验其是否符合外接输出阻抗≤100Ω的规定；输出阻抗Z_{out}，按下式计算：

$$Z_{out} = 900\ \frac{U_0 - U_L}{U_L}\ （\Omega）$$

③输出装置：必须在标准灵敏度下，将输出短路至少1min，在断开短路线后，检验心电图机是否符合输出短路时必须不损坏心电图机的规定。

（3）外接直流信号输入试验

①灵敏度：外接输入插口输入1V直流信号，记录器描迹偏转幅度为H，检验其是否符合"灵敏度：10mm/V误差范围±5%"的规定；

②输入阻抗：在①条"灵敏度"试验方法的基础上，将100kΩ电阻串接在外接信号与输入插口的信号输入端之间，记录描记幅度为H_0，按输入阻抗计算下式计算出输入阻抗Z_{in}，检验其是否符合输入阻抗≥100kΩ的规定。

（4）输入电路中的输入阻抗试验

①要求：输入电路应该按图3-6试验电路测试输入电阻，各导联电极串入620kΩ电阻与4700pF电容并联阻抗，衰减后的信号必须不小于表3-2的规定。

达到表3-2的规定后，单道心电图机中，10Hz时单端输入阻抗近似为2.5MΩ，单个均衡网络阻抗不小于600kΩ。

②输入电路中输入阻抗试验测量方法：

按图3-6试验电路，开关K置"1"，心电图机置标准灵敏度。

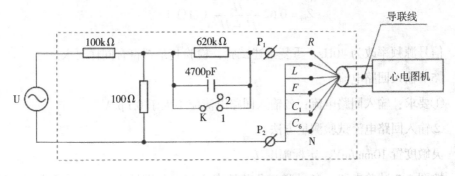

图3-6 输入阻抗试验电路

②由信号源输入 10Hz 正弦信号，使描记获得一个峰–峰偏转幅度 H_1 为 10mm，当开关置 "2" 时，按表 3–2 导联选择位置和导联电极连接规定，检验描记偏转峰–峰值是否不小于表 3–2 规定值，取其中最小值 H_2。

表 3-2 输入阻抗试验条件

导联选择器位置	导联电极		K 开路时描迹偏转峰峰值 /mm	
	连接到 P_1	连接到 P_2	单道心电图机	多道心电图机
I，II，aV_R	R	所有其他导联电极	8	8
aV_L，aV_F	R	所有其他导联电极	8	8
V_1	R	所有其他导联电极	8	8
I，III，aV_L	L	所有其他导联电极	8	8
aV_R，aV_F	L	所有其他导联电极	8	8
V_2	L	所有其他导联电极	8	8
II，III，aV_F	F	所有其他导联电极	8	8
aV_R，aV_L	F	所有其他导联电极	8	8
V_3	F	所有其他导联电极	8	8
V_i（i=1–6）	Ci	所有其他导联电极	8	8
V_X，V_Y，V_Z	A、C、F、M	I，E，H	—	8

输入阻抗 Z_{in} 按下式计算：

$$Z_{in} = 0.62 \frac{H_2}{H_1 - H_2} （M\Omega）$$

信号源频率改为 40Hz，重复上述试验，检验其是否符合同样要求。

（5）输入回路电流

①要求：输入回路电流：各输入回路电流应不大于 0.1μA。

②输入回路电流试验测量方法：

灵敏度置 10mm/mV，定标幅度 H_0。

按图 3-7 试验电路，各导联与公共接点之间，分别接入一个 10kΩ 电阻（即分别断开一只开关），检查通过各导联电极的直流电流引起的描迹偏转，取最大值为 H，按下式计算出输入回路电流 I_{in}，检验其是否符合"输入回路电流要求"的规定。

$$I_{in} = 0.1 \frac{H}{H_0} \ (\mu A)$$

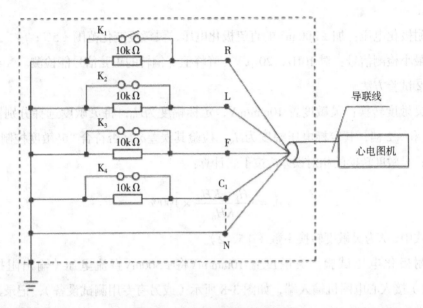

图 3-7 输入回路电流试验电路

导联选择器位置：K_1 或 K_2 断开时，导联选择器置"Ⅰ"。K_3 断开时，导联选择器置"Ⅱ"。K_4 断开时，导联选择器置"Ⅴ"。

输入回路电流 I_{in}，按式 $I_{in} = 0.1 \frac{H}{H_0}$（$\mu A$）计算。

（6）定标电压试验

①要求：定标电压 1mV，误差范围 ±5%。

②定标电压试验方法：

标准电压发生器（或另有专用测试设备）输入 1mV 定标电压记录幅度为 H_0，与机内定标电压记录幅度为 H_v 相比较，检验其误差 δ_v 是否符合"定标电压的要求"的规定。

定标电压的相对误差 δ_v 按下式计算：

$$\delta_v = \frac{H_v - H_0}{H_0} \times 100\%$$

多道心电图机的定标信号，必须在所有道中出现。

（7）灵敏度试验

①要求

灵敏度控制至少提供 5mm/mV，10mm/mV，20mm/mV三档，转换误差范围为 ±5%；

耐极化电压：加 ±300 mV的直流极化电压，灵敏度变化范围 ±5%；

最小检测信号：对 10Hz，20 μV（峰峰值）偏转的正弦信号能检测。

②试验方法

灵敏度转换：灵敏度置 10mm/mV，定标幅度为H_0；将灵敏度选择分别器置×0.5 和×2 档，其定标电压幅度为H_K，检验其误差δ_K是否符合"灵敏度控制"的规定；灵敏度转换的相对误差δ_K按下式计算：

$$\delta_K = \frac{H_K - KH_0}{KH_0} \times 100\%$$

式中，K为灵敏度转换系数（0.5，2）。

耐极化电压试验：灵敏度置 10mm/mV将 ±300mV直流电压（输出阻抗为 100Ω）接入心电图机输入端，如图 3-8 所示（或另有专用测试设备），记录其外定标电压的幅度取偏离H_0较大者为H_E，计算其相对误差δ_E，检验其实否符合"耐极化电压"的规定。

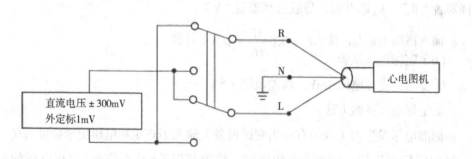

图 3-8 耐极化电压试验电路

耐极化电压相对误差δ_E按下式计算：

$$\delta_E = \frac{H_E - H_0}{H_0} \times 100\%$$

最小信号试验：由信号源输入 10Hz 正弦信号，调节输入信号电压，使描迹偏转峰峰幅度为 20mm；然后将输入信号衰减 40dB，记录纸上应能见到可以分辨的波形。

（8）噪声电平试验方法

①噪声电平要求

输入端与中性电极之间接入 51kΩ 电阻与 0.047μF 电容并联阻抗，在频率特性规定的频率范围内，折合到输入端的噪声电平不大于 15μV（峰峰值）。试验时，不得接通干扰抑制装置。

②方法

噪声电平试验：按图 3-9 试验电路，开关 K_{10}，K_{12} 置 "2" 位置，K_1~K_9 全部置 "断" 的位置。

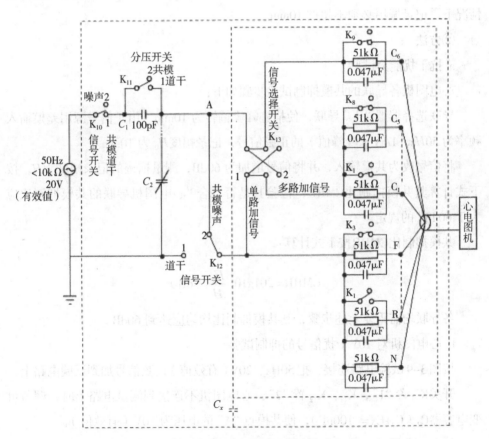

图 3-9　共模抑制、道间干扰、噪声试验电路

心电图机灵敏度置 20mm/mV 为 S_n，取各导联的噪声幅度最大者为 H_n，按下式计算其噪声电平 U_n，检验其是否符合"噪声电平"的规定。

噪声电平 U_n，按下式计算：

$$U_n = \frac{H_n}{S_n} \text{（mV）}$$

在进行试验时，一定要使用制造厂提供心电图机配套的患者电缆或等效物。

（9）抗干扰能试验方法

①要求

心电图机导联的共模抑制比应大于 60dB。

心电图对呈现在病人身上 10V 共模信号的抑制，按图 7-26 试验电路模拟测试，各导联分别接入模拟电极—皮肤不平衡阻抗（51kΩ 与 0.047μF 电容并联）情况下，记录振幅必须不超过 10mm。

②方法

a. 抗干扰能力试验

心电图机各导联的共模抑制试验步骤如下：

导联选择器置"Ⅰ"导联，使描迹峰峰偏转为 10mm。由于信号源用差模输入频率为 50Hz，1mV（峰峰值）的正弦信号，记录幅度 H_0 为 10mm。

将信号改为共模输入，并将信号增加为 60dB，测量描迹的记录幅度为 H，按下式计算其共模抑制比 CMRR，检验其是否符合"心电图机导联的共模抑制比应大于 60dB"的规定。

共模抑制比 CMRR 按下式计算：

$$\text{CMRR} = 20 \lg 10^3 \frac{H_0}{H} \text{（dB）}$$

各导联均需重复上述步骤，其共模抑制比均匀应达到 60dB。

b. 心电图机对 10V 干扰信号的抑制试验

按图 3-9 试验电路连接，把 50Hz、20V（有效值）正弦信号加到试验电路上。

开关 K_{10} 置"1"，K_{11}，K_{12} 置"2"，心电图机不连接到测试电路上时，调节可变电容器 C_2（$C_2 + C_x = 100$pF），使共模点"A"的电压为 10V（有效值）。

接上心电图机，在标准灵敏度时测试各导联，并分别接入模拟—皮肤不平衡阻抗时（即开关K_1~K_9每次断开一只），检验描迹的偏转幅度，是否符合"心电图机导联的共模抑制比应大于60dB"的规定。

（10）50Hz干扰抑制滤波器试验

①要求：50Hz干扰抑制滤波器≥20dB。

②50Hz干扰抑制滤波器试验：心电图机输入（50±0.5）Hz、1mV正弦信号，使描迹偏转10mm，接通干扰抑制装置，要求描迹偏转幅度不大于1mm。信号频率改为30Hz，要求描迹偏转幅度不小于7mm。

（11）频率特性

①幅度频率特性试验

由信号源输入10Hz，1mV正弦信号，调节心电图机灵敏度使描迹振幅为10mm。然后保持电压恒定，将频率改为1Hz、20Hz、30Hz、40Hz、50Hz、60Hz、75Hz，测量其结果是否符合"幅度频率特性：以10Hz为基准，$1~75\,Hz_{-3.0dB}^{+0.4dB}$"的规定。

②过冲试验（热线阵打印不适用）

在10mm/mV的条件下，心电图机输入任意极性，上升时间不超过1ms、1mV的阶跃信号，要求在±20mm范围内，描迹的波形其过冲必须是非周期性的，过冲量幅度必须不超过1mm，检验其是否符合"过冲：在±20mm范围内，描笔振幅的过冲不大于10%（热线阵打印不适用）"的规定。

③低频特性试验

在10mm/mV条件下，按下和复原1mV外定标开关，分别测量描迹振幅值达到3.7mm时，对应的时间T应不小于3.2s，如图3-10所示。

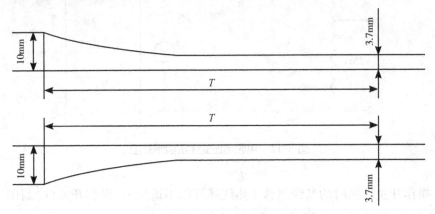

图3-10 时间常数试验示意图

（12）基线稳定性

①基线稳定性要求

电源电压稳定时：基线的漂移不大于1mm。电源电压瞬态波动时：基线的漂移不大于1mm。操作开关自"封闭"到"记录"时：基线的漂移不大于1mm（热线阵打印不适用）。灵敏度变化时（无信号输入）其位移不超过2mm。温度漂移：在5~40℃（采用计算机技术为5~35℃）温度范围内，基线漂移平均不超过0.5mm/℃。

②基线稳定性试验

电源电压稳定时的基线漂移：电源电压稳定在（220±11）V，心电图机的二输入端对地各接51kΩ电阻和0.047μF电容并联的阻抗，导联选择器置"Ⅰ"，测定走纸1s后的10s时间内基线漂移情况，检验基线漂移的最大值是否符合"电源电压稳定时：基线的漂移不大于1mm"的规定。

电源电压瞬态波动时的基线漂移：接通记录开关走纸，在2s内使电压自198V至242V反复突变五次，测定基线漂移的最大值，检验其是否符合"电源电压稳定时：基线的漂移不大于1mm"的规定。改变电源电压的方法如图3-11所示（除非另有专用测试设备）。

当开关K打开时，电阻R接入电压表，读数应为198V。

当开关K闭合时，电阻R短路，电压表读数应为242V。

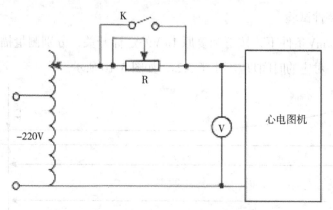

图3-11　电源电压变化试验示意图

操作开关转换时的基线漂移（热线阵打印不适用）：操作开关自"封闭"到"观察"，"观察"到"记录"连续转换五次，测定基线自"封闭"到"记录"的最大漂移值，检验其是否符合"操作开关自'封闭'到'记录'时：基线的漂移不大于1mm（热线阵打印不适用）"的规定。

对有延时电路的封闭开关，电路的延时不得大于1s，并要在延时电路工作完成后再测定。

灵敏度变化时对基线的影响：接通记录开关走纸，灵敏度从最小变化到最大时，检验基线位移是否符合"灵敏度变化时（无信号输入）其位移不超过2mm"的规定。

温度漂移试验：基线置于中心位置，当环境温度升高到40℃（采用计算机技术为35℃）或降低至5℃后，保持1h，然后测量基线偏移中心位置的平均值。检验其是否符合"温度漂移"的有关规定。

（13）走纸速度

①要求：走纸速度至少具有25mm/s和50mm/s二档，误差范围±5%。

②纸速度试验方法：

记录速度置25mm/s，输入频率为25Hz，误差为±1%，电压为0.5mV（峰峰值）的三角波形信号，走纸1s后，用钢皮尺测量五组连续的序列（每组为10个周期）每个序列在记录纸上所占的距离应为（10±0.5）mm，50个周期在记录纸上所占距离为L（mm）。

50个周期在记录纸上所占的距离应的误差是否为10mm±1%的误差是否符合"走纸速度至少具有25mm/s和50mm/s二档，误差范围±5%"的规定。

记录速度置50mm/s，将信号频率改为50Hz±1%，重复上述试验，检验其是否符合"走纸速度至少具有25mm/s和50mm/s二档，误差范围±5%"的规定。

每一走纸速度至少记录6s，每次记录到的第1s前数据不能做测量依据。计算两种走纸速度的相对误差δ_v，检验其是否符合"走纸速度"的规定。

走纸速度的相对误差δ_v按下式计算：

$$\delta_v = \frac{L-50}{50} \times 100\%$$

（14）滞后试验

①要求：记录系统的滞后必须不大于0.5mm（热线阵打印不适用）。

②试验方法：

滞后试验（热线阵打印不适用），将频率为 1Hz 的方波，通过 50ms 的微分电路（R 为 51kΩ，C 为 1μF）输入到心电图机，在标准灵敏度下，使描笔离记录纸中心 ±15mm 内偏转，检验彼此两个方向偏转连接的基线间距离是否符合"滞后"的规定，如图 3-12 所示。

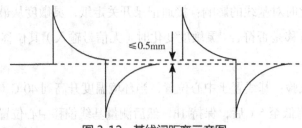

≤0.5mm

图 3-12　基线间距离示意图

（15）道间影响

①要求：在多道心电图机任何道上，由于道间影响而产生的描迹偏转必须不大于 0.5mm。

②试验方法：

按图 3-9 试验电路（除非另有专用测试设备）心电图置 10mm/mV 标准灵敏度，导联选择开关置 V。

开关 $K_{10} \sim K_{13}$ 全部置"1"，胸导联中任意一道加 40Hz、3mV（峰峰值）正弦信号，所有其他道接入 51kΩ 电阻与 0.047μF 电容并联阻抗，检验不加信号的各道描迹偏转峰峰值是否符合"多道心电图机的道间影响"的规定。

将开关 K_{13} 置"2"，胸导联中任意一道短接，所有其他道加 1Hz、4mV（峰峰值）正弦信号，检验短接道的描迹在 ±20mm 范围内偏转峰峰值是否符合"多道心电图机的道间影响"的规定。

第二节　多参数监护仪检测技术

一、概　述

医用监护仪是一种用于长时间、连续的测量和控制病人生理参数、并可与已知设定值进行比较、如果出现超差可发出报警的装置或系统。医用监护仪的用途除测量和监视生理参数外，还包括监视和处理用药及手术前后的状况。监护仪可有选择地对下述参数进行监护：心率和节律、有创血压、无创血压、中心静脉压、动脉压、心排血量、pH值、体温、经胸呼吸阻抗以及血气（如PO_2和PCO_2）等，还可以进行ECG/心律失常检测、心律失常分析回顾、ST段分析等。目前监护仪的检测、数据处理、控制及显示记录等都通过微处理机来完成。

早期由于受到技术的限制，对病人的生理和生化参数只能由人工间断地、不定时地进行测定，这样就不能及时发现在疾病急性作发时的病情变化，往往会导致病人死亡。现在有了病人监护系统，它能进行昼夜连续监视，迅速准确地掌握病人的情况，以便医生及时抢救，使死亡率大幅度下降。

医用监护仪与临床诊断仪器不同，它必须24h连续监护病人的生理参数，监测患者波形的变化，供医生作为应急处理和进行治疗的依据，减少并发症，最后达到缓解并消除病情的目的。

早期的监护仪测试参数比较单一和固定，目前被广泛应用的监护仪在结构上都采用插件式，测试参数实现了多样性，使监护仪的功能扩展、换代升级、功能模块的互换等极为方便。现代医学监护仪的使用范围正逐步扩大，如手术过程的实时监护、胎儿的发育及分娩过程的实时监护、心脑血管疾病的实时监护、呼吸系统疾病的实时监护、睡眠状态的实时监护、24h动态心电和动态血压的实时监护等。

随着医学、电子学和计算机技术等相关专业技术的发展，医用监护仪器正以日新月异速度向前发展，具体来说，医用监护仪未来的发展趋势主要有以下几个方面：医学传感器发展的目标是微型化、多参数和无创性；无损测量技术是现代医学监护仪进一步发展的关键；计算机技术的发展将成为推动现代医学监护仪发展的潜动力，使设备的体积更小型化、分析处理数据的能力更强、可靠性更好、使用寿命更长；计算机网络的发展会促进远程监护和家庭监护的应用和普及。

二、多参数监护仪的检测

（一）多参数监护仪安全要求

1.隔离

（1）对心脏除颤器的放电效应的防护

电极与下列部分间的绝缘结构必须设计成：当除颤器对连接电极的患者放电时，下列部分不出现危险的电能：外壳；任何信号输入部分；任何信号输出部分；置于设备之下的，与设备底面积至少相等的金属箔（Ⅰ类、Ⅱ类设备和内部电源设备）。

在切换操作S_1后，Y_1和Y_2之间的峰值电压不超过1V时，则符合上述要求。试验时设备必须不通电。

Ⅰ类设备必须在连接保护接地情况下进行试验。

不使用网电源供电也能工作的Ⅰ类设备，例如具有内部电池供电的Ⅰ类设备，则必须在不接保护接地的情况下进行试验，所有功能接地必须去除。

改变V1的极性，重复上述试验。

（2）防除颤应用部分与其他部分的隔离

防除颤应用部分和/或患者连接应具备一种措施，使释放到100Ω负载上的除颤器能量相对于设备断开时的能量最多减小10%。按照图3-13连接试验设备。

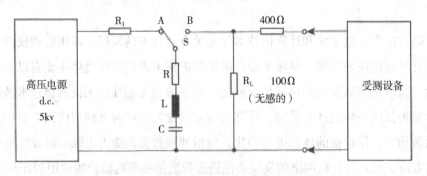

图 3-13　用试验电压测试释放到除颤器上的能量

试验步骤如下：

将应用部分/患者连接接到实验电路中。若专用标准适用，连接方法按专用标准的除颤试验和说明进行。

开关S₁接在位置A，电容充电到5kV。

通过将开关S，接到位置B使试验电路放电，测量释放到除颤器测量器（即100Ω负载）上的能量E₁。

从测量电路中移去受试设备，测量释放到100Ω负载的能量E₂。

验证E₁的能量至少为E₂的90%。

2. 连续漏电流和患者辅助电流

（1）对于心电监护设备

对于具有功能接地端子的心电监护设备，当在功能接地端子与地之间加上相当于最高额定网电压110%的电压时，从应用部分到地的患者漏电流必须不超过0.05mA。如果功能接地端子与保护接地端子在设备内部直接相连时，则不必进行该项试验。

（2）对于多参数患者监护设备

除了通用标准中提到的"连续的对地漏电流、外壳漏电流、患者漏电流及患者辅助电流"的规定值的适用条件，还增加了"局部漏电流、总的患者漏电流"的规定值也适用于同样的测量条件。此外，补充规定：BF型应用部分的患者漏电流的容许值、CF型应用部分的患者漏电流的容许值、BF型和CF型应用部分的总的患者漏电流的容许值、BF型应用部分的局部漏电流的容许值、CF型应用部分的局部漏电流的容许值、患者连接器的总的患者漏电流的容许值。

3. 电介质强度

心电监护设备不适用电介质强度试验B-b。对于心电监护设备，电介质强度试验B-d试验电压必须为1500V（Ⅰ类、Ⅱ类设备和内部电源设备）。

对于多参数患者监护设备，B-b应用部分之间的绝缘应至少为基本绝缘。基准电压不应小于最高额定供电电压或内部电源设备时不低于250V。若应用部分存在电压，则适用于这些电压的绝缘应另外为双重绝缘或加强绝缘。

在多参数患者监护设备的电介质强度试验要求中提出，对于有多个应用部分的设备，应用部分之间的电介质强度应按照如下试验进行：试验电压应施加于某一应用部分的患者连接与所有患者连接接地的其余应用部分之间，每一应用部分应重复此试验。

（二）心电监护仪技术要求

在通用要求分类中，医用监护仪按其用途可分为BF型或CF型应用部分。这里介绍心电监护仪的部分技术要求，相关的检测标准是YY 1079 心电监护仪。

1. 试验仪器要求

要求以下试验仪器：

一个双通道示波器，其差分输入放大器的输入阻抗至少为 $1M\Omega$，幅度分辨率为 $10\mu V$。3dB频响范围必须至少是直流到 1MHz，中间频带幅度准确度为 $\pm5\%$。

一个电压表，直流电压的测量范围是 10V~1mV，准确度为 $\pm1\%$，对于试验信号有适宜的频率特性；一个电压表或峰–谷幅度检测器，能够测量峰–谷正弦信号和三角波信号，在 10~0.1V 的电压范围内准确度是 $\pm1\%$。

两个信号发生器，能够产生频率范围 0.05~1000Hz的正弦波、方波和三角波。这两个信号发生器必须具备范围最小至 10V（p–v）、平衡和对地隔离的可调电压输出。

2. 检测项目和检测方法

在YY 1079 心电监护仪检测标准的性能要求中，主要对QRS波幅度和间期的范围、QRS波工频电压容差、QRS波漂移容差、心率的测量范围和准确度、报警限范围、报警限设置的分辨率、报警限准确度、心动停止报警的启动时间、心率低报警的启动时间、心率高报警的启动时间、报警静音、报警静止等指标提出了要求，并且对具有心电图波形显示能力的监护仪提出了特殊要求。

（1）心率的测量范围和准确度

试验方法如下：

①加如图 3-14 所示的一幅度为 1mV、宽度为 70ms的三角波到监护仪输入端；

②设置重复率为制造商声称的设备最小可测心率（此重复率应为 30bpm或更小，但不得为 0）；

③显示心率应在输入心率 $\pm10\%$或 ±5bpm的较大值范围内，如果制造商声明更高的准确度，则显示心率应在制造商规定的误差范围内；

④在设备最大可测心率（即，对于成人监护仪，至少 200bpm，标明用于

新生儿/小儿患者的监护仪，至少250bpm）和四个中间心率60bpm，100bpm，120bpm，180bpm重复步骤①到③；

　　⑤输入心率为0和声称的最小可测心率的25%和50%波形，重复步骤①到②，显示的心率不应超过声称的最小测量范围；

　　⑥输入300bpm和300hpm与声称的最大心率之和的一半的心率，对于新生儿/小儿监护仪，这些心率为350bpm和350hpm与声称的最大心率之和的一半的心率，显示的心率不应低于声称的最大的测量范围。

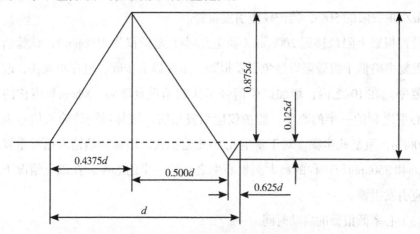

图3-14　模拟心电QRS复合波的试验信号

对每个输入心率，可调节增益或灵敏度控制。

（2）报警限准确度

试验方法如下：

①设置报警下限（R_s）最接近60bpm；

②将一幅度为1mV，宽度为70ms的三角波（图3-14）加到监护仪输入端；

③设置试验信号足够高的重复率（由心率计测定）以避免引发报警；

④以1bpm的步幅降低重复率，每次降低间隔10s，直到引发报警；

⑤测量监护仪显示的该心率（R_d），即为达到报警阈的显示心率；

⑥计算报警限误差（e）：

$$e = 100 \times \left| \frac{R_d - R_s}{R_s} \right|$$

此误差值应不超过标称值的 ± 10%或 ± 5bpm中的较大值。

设置报警下限最接近 30bpm，重复以上步骤；

设置报警上限最接近 120bpm，试验信号初始重复率应足够低以防止引发报警，重复以上步骤，但在步骤④，改为增加重复率。设置报警上限为 200 bpm，重复此步骤。

设置报警下限最接近 30bpm，重复以上步骤。试验信号的初始重复率应略高于报警限以避免引发报警。在 10s之内，降低试验信号重复率从初始重复率到声称的最小报警限的 50%，监护仪应引发报警。

设置报警上限最接近 200bpm（新生儿/小儿监护仪为 250bpm），试验信号的初始重复率略低于报警限以避免引发报警，重复以上步骤，但在步骤④，改为增加重复率。在 10s之内，增加试验信号率从初始重复率到 300bpm与声称的最大测量心率之和的一半的心率。监护仪应引发报警。增加最初的输入信号重复率到 300bpm，重复此步骤。对于新生儿/小儿监护仪，增加初始输入信号重复率到 350bpm和 350hpm与声称的最大测量心率之和的一半的心率。在以上情况下，监护仪应引发报警。

（3）心率低报警的启动时间

试验方法如下：

如图 3-14 所示，加一幅度为 1mV，持续时间为 70ms的三角波到监护仪输入端；设置信号重复率为 80bpm且报警下限接近 60bpm；

突然改变输入信号重复率到 40bpm；

测量从观察到新间期后第一个QRS波到报警引发的时间；

重复此试验 5 次，5 次测量的平均间隔时间不应长于 10s，并且应无单次间隔时间长于 13s。

（三）无创自动测量血压计的技术要求

多参数监护仪功能较丰富，一般都具有无创血压监测的功能，在现阶段实行的国家标准和行业标准中，YY 0670 无创自动测量血压计给出了相关的检测要求。这里介绍其中的主要技术要求。

1. 有自动充气系统的设备

（1）最大袖带压

对于公用、家用及其他无人监管下使用的设备，应提供一种限制压力的措施以保证袖带压绝不会超过40kPa（300mmHg）。对于有专业人员监督情况下使用的设备，袖带压应不超过40kPa或不超过制造商指定工作压力上限以上4kPa（30mmHg），取这两种情况中压力较低的一种。另外，设备应保证袖带压处在2kPa（15mmHg）以上的时间不超过3min。

对于新生儿设备，在新生儿的工作模式下应提供一种限制压力的措施以保证袖带压绝不会超过20 kPa（150mmHg）。另外，设备应保证袖带压处在0.67kPa（5mmHg）以上的时间不超过90s。

（2）泄气

设备应提供一种简单易懂且清楚标识的措施允许使用者给袖带放气。

在充气系统阀门全开快速放气的情况下，压力从34.67kPa（260mmHg）下降到2kPa（15mmHg）的时间不应超过10s。对于可用于新生儿模式的血压测量系统，在充气系统阀门全开快速放气的情况下，压力从20kPa（150mmHg）降到0.67kPa（5mmHg）的时间不应超过5s。

测试方法：

用（500±25）ml的刚性容器来测量成人放气速度，用（100±5）ml的刚性容器来测量新生儿或腕部袖带的放气速度。将合适的容器、已校准的压力计和测试设备连接在一起。系统充气至最高压力，60s后打开快速放气阀。测量放气至最低压力所需的时间。

2. 充气源和压力控制阀的要求

（1）充气源

除非另有声明，通常情况下，充气源应能在10s内提供足够的空气，使得200cm³（12立方英寸）的容器内的压力达到40kPa（300mmHg）。注：压时进行血压测量的血压计不适用。

用一个200~220cm³的密闭容器将充气源的压力计相连。充气源工作可将系统压力升高到40kPa，测量所用的充气时间是否在10s内。在初始压力为40kPa

的情况下，应保证在不少于 2min 的测试时间内漏气速度不超过 0.267kPa/min（2mmHg/min）。本测试应在 15~25℃范围内的一个恒定温度下进行。

（2）压力自控气阀

①漏气

阀门关闭，在初始压力分别为 33.33kPa（250mmHg）、20kPa（150mmHg）和 6.67kPa（50mmHg）状态下，一个容积不超过 80cm³ 容器内的最大压降，在 10s 内应不超过 0.133kPa（1mmHg）。

测试方法：

将气阀连接到一个具有 60~80cm³ 的密闭容器的压力计上，用一个合适的计时设备来确定在 33.33kPa、20kPa、6.67kPa 不同的压力情况下是否符合上述对压力下降的要求。

②气阀/袖带放气率

当气阀处于压力自控位置（使用配套的袖带）时，从 33.33kPa（250mmHg）降到 6.67kPa（50mmHg）的降压速度应不低于 0.267kPa/s（2mmHg/s）。

测试方法：

将气阀连接到一个具有 60~80cm³ 的密闭容器的压力计上。当气阀处于压力自控位置时，袖带进行必要的充、放气，用一个合适的计时设备来测试确定是否符合要求。

③泄气

充满气体的系统在阀门全开时的快速放气，压力从 34.67kPa（260mmHg）下降到 2kPa（15mmHg）的时间不应超过 10s。

对于可用于新生儿模式的血压测量系统，充满气体的系统在阀门全开时的快速放气，压力从 20kPa（150mmHg）降到 0.67kPa（5mmHg）的时间不应超过 5s。

3. 气囊和袖带的要求

（1）充气囊

①充气囊尺寸

袖带气囊的长度建议大约为袖带覆盖肢体周长的 0.8 倍，袖带气囊的宽度建议最好是长度的一半。如果自动血压计的制造商提供了超出上述范围的袖带或使用其他测量点（非上臂）的袖带，那么制造商应提供验证这个系统准确性的数据。

②充气囊耐压力

气囊及整个管路应能承受袖带预期使用的最大压力。

（2）袖带

下面的要求适用于绷带型、钓钩型、接点闭合型及其他型号的袖带。

①袖带尺寸

钓钩型、接点闭合型及其他型号的袖带，其长度应至少足以环绕预期适用的最大周长的肢体，并且在整个长度范围内保持全宽。绷带型袖带的总长度应超过气囊的末端，至少与气囊长度相等，以保证当气囊充气到40kPa（300mmHg）时袖带不会滑脱或变松。

②耐压力

当气囊被充气到最大压力时，袖带应能完全包裹气囊。

③袖带接口/结构

在经过1000次开合循环和10000次40kPa（300mmHg）的压力循环后，袖带的闭合和密封性仍应完好到足以满足本标准的其他要求。本要求不包括一次性袖带。

测试方法：

将袖带缠绕在一个模拟实际应用的柱状轴上。在袖带处于放气状态下，进行1000次开合循环测试。在袖带缠绕在柱状轴上时，还要进行10000压力循环测试。这两个试验可以相继进行也可交替进行，如10次压力循环紧接着一次开合循环。

4. 系统漏气

血压计整个系统的漏气造成压力下降的速度不应大于0.133kPa/s（1mmHg/s）。

（四）连续测量的电子体温计的技术要求

多参数监护仪功能较丰富，一般都具有连续体温测量的功能，在现阶段实行的国家标准和行业标准中，《临床体温计-连续测量的电子体温计性能要求》（YY 0785）给出了相关的检测要求。这里介绍其中的主要技术要求。

1. 测试装置

（1）参考温度计

应使用一个具有温度读数的不确定度不超过±0.02℃的参考温度计来确定水槽的温度，它的校准应可溯源到国家的测量标准。

（2）参考水槽

应使用具有良好调节和搅拌，并且至少含有5L容积的参考水槽来建立覆盖整个测量范围的参考温度；在被测体温计的测试温度所在的规定测量范围内，参考水槽的温度稳定性应被控制在±0.02℃以内。在给定温度点的工作区域内，温度梯度不应超过±0.01℃。

（3）温度探头测试器

温度探头测试器将探头测量的物理属性转换成温度值，该物理属性随着温度按一定的函数关系变化，温度探头测试器引入的扩展不确定度应不大于等效于0.01℃的值，参考制造商测量范围内的数据。它的校准应可溯源到国家测量标准。

2. 主要测试项目

（1）最大允许误差的测试

①完整体温计最大允许误差的测试

根据制造商说明书，将完整体温计的温度探头浸到一个恒温的参考水槽中，直到建立温度平衡，比较被测体温计的读数和参考温度计的读数。然后增高或降低水槽温度，重新等待温度平衡的建立并重复测量过程。被测体温计和参考温度计的读数差异应满足：在25~45℃的测量范围内，最大允许误差应为±0.2℃。

所要求的测量点的数量依赖于仪器的测量范围，然而在测量范围内至少每个整摄氏度都应进行测量。为了检测可能有的滞后效应，当测量奇数摄氏度时，应按温度递增的顺序进行测量，当测量偶数摄氏度时，应按温度递减的顺序进行测量。

②指示单元最大允许误差的测试

指示单元的性能应使用温度探头模拟器进行测量，指示单元显示的温度值和对应的模拟温度值的差别应满足：在25~45℃的测量范围内，最大允许误差应为±0.1℃。

③温度探头最大允许误差的测试

将可替换或者一次性的探头浸入参考水槽中，连接温度探头到温度探头测试器，比较用这种方法获得的每个被测探头温度示值和水槽中参考温度计的示值，它们的差别应满足：在25~45℃的测量范围内，最大允许误差应为±0.1℃。

（2）时间响应的符合性测试

将处在环境温度为（23±2）℃中的温度探头浸入温度为（44±1）℃的水槽中，150s后比较其温度示值和参考温度计的示值。被测体温计的显示温度与参考温度的差异应不超过最大允许误差范围。

参考文献

[1] 阎华国，胡彬. 医疗器械管理与法规[M]. 济南：山东人民出版社，2023.

[2] 杨林，陆阳. 呼吸机临床工程技术管理[M]. 长春：吉林大学出版社，2023.

[3] 张镭，陈国东，郭彬. 无菌医疗器械质量控制与评价[M]. 哈尔滨：东北林业大学出版社，2023.

[4] 朱福. 医疗器械归类指南[M]. 上海：上海科学技术出版社，2023.

[5] 李安渝. 医疗器械监管科学导论[M]. 成都：四川大学出版社，2022.

[6] 史振彬，孔德兵，张正男. 医疗器械检验基础[M]. 武汉：湖北科学技术出版社，2020.

[7] 侯月梅，王红宇，曾建平. 慢性病远程心脏监测[M]. 北京：科学出版社，2020.

[8] 张旭辉. 多场耦合条件下压电俘能器设计理论及应用[M]. 武汉：华中科技大学出版社，2020.

[9] 安健，郭彦青. 心脑血管前沿技术新进展 心血管分册[M]. 北京：科学出版社，2020.

[10] 牟强善，闫伟，岑铨华. 现代医疗仪器维修技术[M]. 长春：吉林科学技术出版社，2020.

[11] 张双文，杨衍菲，郭玉英. 除颤器信号处理算法及测试应用[M]. 广州：华南理工大学出版社，2019.

[12] 赵国光，严汉民. 临床工程学[M]. 北京：科学出版社，2019.

[13] 余学飞，叶继伦. 现代医学电子仪器原理与设计[M]. 广州：华南理工大学出版社，2018.

[14] 江苏省计量科学研究院. 医用电生理设备计量与检测技术[M]. 北京：中国质检出版社，2017.

[15] 申广浩，王长军，郭伟. 医学计量检测与校准[M]. 西安：第四军医大学出版社，2016.

[16] 贾建革，张秋实，于树滨. 呼吸机、麻醉机质量控制检测技术[M]. 北京：中国计量出版社，2010.